科 普 总 动 员

生活需要化学,化学改变世界。让我们一起来进入扑朔迷离的化学宫殿吧!

扑朔迷离的 化学 宫殿

编著：倪青义

化学是一门基础的自然科学
对人类有重大意义

山西出版传媒集团
山西经济出版社

图书在版编目(CIP)数据

扑朔迷离的化学宫殿 / 倪青义编著. — 太原：山
西经济出版社，2017.1（2025.5重印）
ISBN 978-7-5577-0158-1

Ⅰ.①扑… Ⅱ.①倪… Ⅲ.①化学－青少年读物
Ⅳ.①O6-49

中国版本图书馆CIP数据核字（2017）第009785号

扑朔迷离的化学宫殿

PUSHUOMILI DE HUAXUEGONGDIAN

编　　著：倪青义
出版策划：吕应征
责任编辑：李慧平
装帧设计：蔚蓝风行

出 版 者：山西出版传媒集团·山西经济出版社
社　　址：太原市建设南路 21 号
邮　　编：030012
电　　话：0351-4922133（发行中心）
　　　　　0351-4922142（总编室）
E－mail：scb@sxjjcb.com（市场部）
　　　　　zbs@sxjjcb.com（总编室）

经 销 者：山西出版传媒集团·山西经济出版社
承 印 者：河北晔盛亚印刷有限公司

开　　本：787mm×1092mm　　1/16
印　　张：10
字　　数：150千字
版　　次：2017 年 1 月　第 1 版
印　　次：2025 年 5 月　第 4 次印刷
书　　号：ISBN 978-7-5577-0158-1
定　　价：56.00元

前言

■扑朔迷离的化学宫殿

辽阔无垠的山川大地，苍茫无际的宇宙星空，人类生活在一个充满神奇变化的大千世界中。异彩纷呈的自然科学现象，古往今来曾引发无数人的惊诧和探索，它们不仅是科学家研究的课题，更是青少年渴望了解的知识。通过了解这些知识，可开阔视野，激发探索自然科学的兴趣。

本书介绍了化学的相关知识。分"认识化学元素""化学元素新用""化学学科猜想"3个篇章，将一个扑朔迷离的化学世界淋漓尽致地展示给青少年朋友们。全书图文并茂、通俗易懂，并以简洁、鲜明、风趣的标题引发青少年的阅读兴趣。

化学是一门基础的自然科学，对人类有重大意义。我们周围的事物都是由许许多多的化学元素组成的，包括人体不可缺少的元素。化学跟生活也有很大关系，衣、食、住、行、用，化学无所不在。随着生产力的发展，科学技术的进步，化学与人们的生活联系也越来越密切。

在衣方面，化学可谓给生活增添温暖。纤维、尼龙、涤纶等许多衣料，需要靠化学方法得到，丰富人们的衣橱。在食方面，化学同样重要。用碱发面制馒头，松软可口；炒菜中加入味精，味道鲜美。由于有了化学，我们的住房才有多彩的装饰；化学炼出钢铁，我们才有了各种日用制品；化学加工石油，我们才能用上轻便的塑料。

化学与医学也密切相关，人们应用化学方法制造出的药物，减轻了病人的痛苦，甚至攻克了不治之症。在一些重大的科学领域里，化学的作用也不小，火箭发射所需燃料，就是利用了氢氧燃烧得水的原理。

化学在人们生活的各种活动中无时不在、无处不在。洗涤剂是含磷的化合物；用磺铁矿燃烧制硫酸，作为重要的化工原料；用"王水"检验金子纯度；用酸洗去水垢；用汽油乳化橡胶做黏合剂；用二氧化碳加压溶解制爽口的汽水；用腐蚀性药品清除管道阻塞。化学与生活紧密联系在一起。

但是，化学及其相关产业在为人类创造物质文明做出重大贡献的同时，也给环境和人类的健康带来一定的危害，残酷的人甚至将化学带入战争，利用人做化学试验。所以，"绿色化学"已成为21世纪化工技术与化学研究的热点。绿色化学是用化学及其他技术和方法，减少或消除那些对人类健康、社区安全、生态环境有害的原料、催化剂、溶剂、产物等的使用和产生。

化学就像一面魔镜，将多种元素巧妙地结合，组成神奇美丽的世界。相信随着科技的发展，化学技术的进步，我们的生活也将随之进入美好的未来。

目录 ■扑朔迷离的化学宫殿

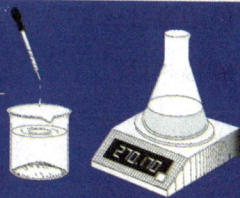

第 3 章　化学学科猜想

认识化学元素

□扑朔迷离的化学宫殿

第 1 章

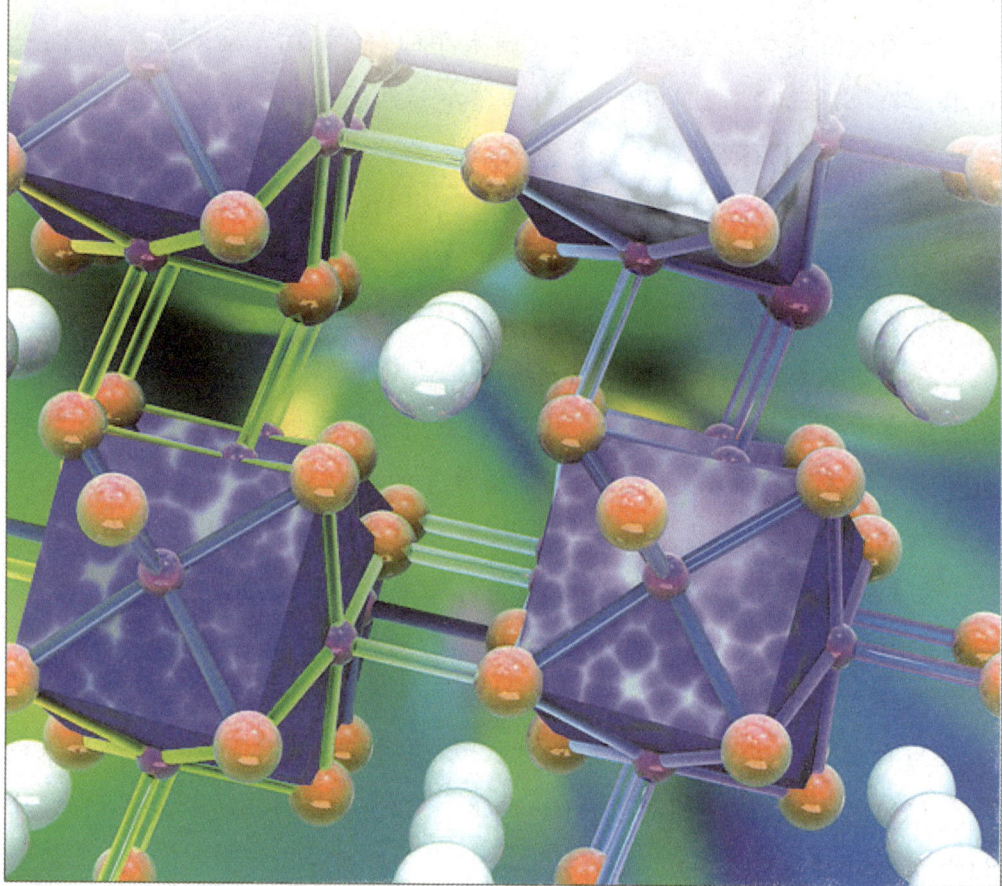

认识化学元素

科普档案 ●化学名称：元素 ●性质：一种原子组成，一般方法不能使之分解，能构成一切物质

无论在我国古代的哲学中还是在印度或西方的古代哲学中，都把元素看作抽象的、原始精神的一种表现形式，或是物质所具有的基本性质。

无论在我国古代的哲学中，还是在印度或西方的古代哲学中，都把元素看作抽象的、原始精神的一种表现形式，或是物质所具有的基本性质。

我国的五行学说最早出现在战国末年的《尚书》中，原文是："五行：一曰水，二曰火，三曰木，四曰金，五曰土。水曰润下，火曰炎上，木曰曲直，金曰从革，土爰（曰）稼穑。"译成今天的语言是："五行：一是水，二是火，三是木，四是金，五是土。水的性质润物而向下，火的性质燃烧而向上。木的性质可曲可直，金的性质可以熔铸改造，土的性质可以耕种收获。"所以，用土和金、木、水、火相互结合可造成万物。

在古印度哲学家的思想中也有和我国五行相似的所谓五大。这就是古印度学者卡皮拉提出来的地、水、火、风、空气。被尊为希腊七贤之一的唯物哲学家塔莱斯认为水是万物之母；希腊最早的思想家阿那克西米尼认为组成万物的是气；被称为辩证法奠基人之一的赫拉克利特认为万物由火而生。古希腊的自然科学家、医生恩培多克勒综合了以前的哲学家们的见解，在他们所指的水、气和火之外，又加上土，称为四元素。古希腊哲学家亚里士多德综合了但也歪曲了这些朴素的唯物主义的看法，提出"原性学说"。他认为自然界万物是由4种相互对立的"基本性质"热和冷、干和湿组成的。它们的不同组合，构成了火（热和干）、气（热和湿）、水（冷和湿）、土（冷和干）4种元素。

西方的炼金术士们对亚里士多德提出的元素做了补充,增加了3种元素:水银、硫黄和盐。这就是炼金术士们所称的三本原。但是,他们所说的水银、硫黄、盐只是表现着物质的性质:水银——金属性质的体现物,硫黄——可燃性和非金属性质的体现物,盐——溶

□拉瓦锡雕像

解性的体现物。到16世纪,瑞士医生帕拉塞尔士把炼金术士们的三本原应用到他的医学中。他提出物质是由3种元素——盐(肉体)、水银(灵魂)和硫黄(精神)按不同比例组成的,疾病产生的原因是有机体中缺少了上述3种元素之一。为了医病,就要在人体中注入所缺少的元素。无论是古代的自然哲学家还是炼金术士们,或是古代的医药学家们,他们对元素的理解都是通过对客观事物的观察或者是臆测的方式解决的。到17世纪中叶,由于科学实验的兴起,积累了一些物质变化的实验资料,才初步从化学分析的结果去解决关于元素的概念。1661年英国科学家波意耳对亚里士多德的四元素和炼金术士们的三本原表示怀疑,出版了一本《怀疑派的化学家》的小册子。这样,元素的概念就表现为组成物体的原始的和简单的物质。拉瓦锡在肯定和说明究竟哪些物质是原始的和简单的时候,强调实验是十分重要的。他把那些无法再分解的物质称为简单物质,也就是元素。此后在很长的一段时期里,元素被认为是不能再分的简单物质。这就把元素和单质两个概念混淆或等同起来了。

拉瓦锡在1789年发表的《化学基础论说》一书中列出了他制作的化学元素表,一共列举了33种化学元素,分为4类:一类属于气态的简单物质,可以认为是元素:光、热、氧气、氮气、氢气。二类是能氧化合成酸的简单非金属物质:硫、磷、碳、盐酸基、氢氟酸基、硼酸基。三类是能氧化和成盐的简

□英国化学家道尔顿

单金属物质：锑、砷、银、锌等。四类是能成盐的简单土质：石灰、苦土、重土、矾土、硅土。从这个化学元素表可以看出，拉瓦锡不仅把一些非单质列为元素，而且把光和热也当作元素了。拉瓦锡之所以把盐酸基、氢氟酸基以及硼酸基列为元素，是根据他自己创立的学说即一切酸中皆含有氧。盐酸是盐酸基和氧的化合物，是一种简单物质和氧的化合物，因此盐酸基就被他认为是一种化学元素了。氢氟酸基和硼酸基也是如此。他之所以在"简单非金属物质"前加上"能氧化合成酸的"，道理也在于此。至于拉瓦锡元素表中的"土质"，在19世纪以前，它被当时的化学研究者们认为是元素，是不能再分的简单物质。"土质"在当时表示具有这样一些共同性质的简单物质，如具有碱性，加热时不易熔化，也不发生化学变化，几乎不溶解于水，与酸相遇不产生气泡。这样，石灰就是一种土质，重土——氧化钡，苦土——氧化镁，硅土——氧化硅，矾土——氧化铝。在今天它们是属于减土族元素或土族元素的氧化物。这个"土"字也就由此而来。

19世纪初，道尔顿创立了化学中的原子学说，并着手测定原子量，化学元素的概念开始和物质组成的原子量联系起来，使每一种元素成为具有一定量的同类原子。1841年，贝采里乌斯根据已经发现的一些元素，如硫、磷能以不同的形式存在的事实，硫有菱形硫和单斜硫，磷有白磷和红磷，创立了同素异形体的概念，即相同的元素能形成不同的单质。这就表明元素和单质的概念是有区别的，不相同的。19世纪后半叶，在门捷列夫建立化学元素周期表的时间里，明确指出元素的基本属性是原子量。他认为元素之间的差别集中表现在不同的原子量上。他提出应当区分单质和元素两个不同概念，指出在红色氧化汞中并不存在金属汞和气体氧，只是元素汞和元素氧,它们以单质存在时才表现为金属和气体。

随着社会生产力的发展和科学技术的进步,在 19 世纪末,电子、X 射线和放射性相继被发现,继而科学家们对原子的结构进行了研究。1913 年英国化学家索迪提出同位素的概念。同位素是具有相同核电荷数而原子量不同的同一元素的异体,它们位于化学元素周期表中同一方格位置上。其后,英国物理学家阿斯顿在 1921 年证明大多数化学元素都有不同的同位素。在这同一时期里英国物理学家莫塞莱在 1913 年系统地研究了由各种元素制成的阴极所得的 X 射线的波长,指出元素的特征是这个元素的原子的核电荷数,也就是后来确定的原子序数。化学元素是根据原子核电荷的多少对原子进行分类的一种方法,把核电荷数相同的一类原子称为一种元素。

直到今天,人们对化学元素的认识过程也没有完结。当前化学中关于分子结构的研究,物理学中关于核粒子的研究等都在深入开展,可以预料它们将带来对化学元素的新认识。

🔖 知识链接

亚里士多德

亚里士多德是古希腊人,世界古代史上最伟大的哲学家、科学家和教育家之一。师承柏拉图,主张教育是国家的职能。他首先提出儿童身心发展阶段的思想;赞成雅典健美体格、和谐发展的教育,主张把天然素质、养成习惯、发展理性看作道德教育的三个源泉,但他反对女子教育,主张"文雅"教育,使教育服务于闲暇。

□亚里士多德

元素周期律的发现

科普档案 ●化学名称:元素周期律　　　●创始人:门捷列夫　　　●时间:1870年

　　在化学的研究中，人们付出了艰苦的努力，发现了元素周期律。元素周期律的发现史充分展现了人们追求真理时不倦的探索精神和坚忍不拔的毅力。

　　在化学的研究中,最基本的一个概念就是元素。自然界的元素有几百种,它们之间有什么联系,能不能将它们排序列表,使其组织化、系统化? 为此,人们付出了艰苦的努力,发现了元素周期律。元素周期律的发现史充分展现了人们追求真理时不倦的探索精神和坚忍不拔的毅力。

　　19世纪上半叶,武拉斯顿制得了铑和钯;贝采里乌斯发现了铈、硒和钍;库特瓦制得了单质碘;斯特罗迈耶制得了金属镉;维勒用制得了纯净的金属铝;溴是用氯气氧化制得的。戴维用电解法和热还原法制得了钾、钠、镁、钙、锶、钡、硼和硅,并证明了元素氯的存在。由于化学分析方法的丰富,人们还发现了钽、锇、铱、锂、钒、镧、铌、钌、铽、铒。在1860年到1863年的4年间人们发现了铯、铷、铊、铟4种元素,掀起了元素发现的又一个高潮。19世纪末,人们共发现了63种元素。但是这些元素却是繁杂纷乱的,人们很难从中获得清晰的认识。整理这些资料,概括这些感性知识,从中摸索总结出规律,成为当时摆在化学家面前一个亟待解决的课题。

　　早在19世纪20年代末,德国化学家德贝莱纳就提出了"三元素组"观点。他把当时已知的54种元素中的15种,分成5组,指出每组的三种元素性质相似,而且中间元素的相对原子质量等于较轻和较重的两个元素相对原子质量之和的一半。例如,钙、锶、钡,性质相似,锶的相对原子质量大约是钙和钡的相对原子质量之和的一半。氯、溴、碘以及锂、钠、钾等元素也有类似的关系。然而这样的关系即使是当时的 54 种元素也不能普遍适用，所以没有引起化学家们的重视。

19 世纪 60 年代初，法国矿物学家尚古多提出一个"螺旋图"的分类方法。他将已知的 62 种元素按原子量的大小顺序标记在绕着圆柱体上升的螺旋线上，这样某些性质相近的元素恰好出现在同一母线上，因此他第一个指出了元素性质的周期性变化。但是他没有区分主族和副族，一些性质迥异的元素，如硫和钛、钾和锰都跑到同一条母线上了。

□法国矿物学家尚古多

19 世纪 60 年代中期，英国工业化学家纽兰兹提出了"八音律"。他把当时已知的元素按原子量递增顺序排列成表。纽兰兹这个表的前两个纵列相应于现代周期表的第二、三周期，但从第三纵列以后就不能令人满意了，有六个位置同时安置了两种元素，还有些顺序考虑到元素的性质而大胆地颠倒了，将事物内在的本质规律掩盖起来了。

从"三元素组"到"八音律"，多位化学家都从不同的角度，逐步深入地探讨了各元素间的某些联系，使人们一步步逼近了科学的真理。接下来，做出最大贡献的是迈耶尔和门捷列夫。

1864 年迈耶尔写成了著名的《近代化学理论》。它的一大贡献是发表了迈耶尔的第一张元素周期表。表中列出了 28 种元素，它们按相对原子质量递增的顺序排列，周期性地分成 6 个族，这 6 族元素相应的化合价是 4，3，2，1，1，2。化合价明显地呈现出周期性的变化，同族元素也明显地呈现出相似性。迈耶尔还计算了同族元素的相对原子质量之间的差值，发现第二横排元素的相对原子质量与第三横排相应元素相对原子质量的差值几乎都是 16，其他横排之间也有类似的规律。他还指出硅与锡之间有未发现的元素存在，它的原子量可能是 73.1。

1868 年后，在《近代化学理论》第二版中，迈耶尔发表了他的第二张元

□门捷列夫

素周期表，新增加了 24 种元素和 9 个纵行，共计 15 个纵行，明显地把主族和副族元素分开了，这样就使过渡元素的特性区别于主族而独立地表现出来了，同时也避免了由于副族元素的加入而使同一主族元素的性质迥异。

19 世纪 70 年代，迈耶尔又发表了他的第三张元素周期表，重新把硼和铟列在表中，并把铟的相对原子质量修订为 113.4，预留了一些空位给有待发现的元素，但是表中没有氢元素。同时发表的还有著名的《原子体积周期性图解》，图中描绘了固体元素的原子体积随着相对原子质量递增而发生的周期性变化。一些易熔的元素（如 Li、Na、K、Rb、Cs）都位于曲线的峰顶；而难熔的元素（如 C、Al、Co、Pd、Ce）则位于曲线的谷底。迈耶尔吸取前人的研究成果，主要从化合价和物理性质方面入手独立地发现了元素周期律。

门捷列夫通过自己顽强的努力，于 1869 年编成了他的第一张元素周期表，发表论文《元素性质和原子量的关系》。在论文中，他指出：

(1)按照相对原子质量大小排列起来的元素，在性质上呈现明显的周期性变化。

(2)化学性质相似的元素，或者是相对原子质量相近（如 Pt, Ir, Os），或者是依次递增相同的数量（如 K, Rb, Cs）。

(3)各族元素的原子价（化合价）一致。

(4)分布在自然界的元素都具有数值不大的相对原子质量值，具有这样的相对原子质量值的一切元素都表现出特有的性质，因此可以称它们是典型的元素。

(5)相对原子质量的大小决定元素的特征。

(6)应该预料到许多未知元素将被发现，如排在铝和硅后面的、性质类似铝和硅的、相对原子质量位于 65~75 之间的两种元素。

（7）当我们知道了某些元素的同类元素的相对原子质量后，有时可借此修正该元素的相对原子质量。

（8）一些类似的元素能根据其相对原子质量的大小被发现出来。

第二年，门捷列夫发表了关于周期律的新论文，果断地修正了前一个元素周期表。例如，在前一表中，性质类似的各族是横排，周期是竖排；而在新表中，族是竖排，周期是横排，这样各族元素化学性质的周期性变化就更为清晰。同时他像迈耶尔那样，将那些当时性质尚不够明确的元素集中在表格的右边，形成了各族元素的副族。在前表中为尚未发现的元素留下的4个空格，在新表中则变成了6个。

19世纪70年代中期，法国化学家布瓦博德朗发现镓，镓的发现雄辩地证明了门捷列夫元素周期律的科学性。接着，19世纪80年代初，瑞典的尼尔森发现了钪；19世纪80年代中期，德国的文克勒发现了锗。这两种新元素与门捷列夫周期表中预留的类硼、类硅完全吻合，门捷列夫的元素周期律经受了实践的检验。

化学元素周期律是自然界的一条客观规律。它揭示了物质世界的一个秘密，指出了杂乱的元素间存在相互依存的关系，它们组成了一个完整的体系，有力地促进了现代化学和物理学的发展。从此，新元素的寻找，新物质、新材料的探索有了一条可遵循的规律。

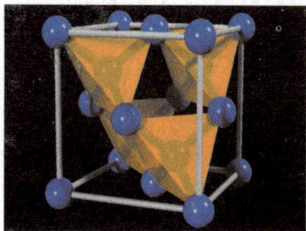

知识链接

研究元素周期律

人们研究元素周期律耗费了将近一个世纪的时间，最后由门捷列夫总结出来。这充分展现了人类在追求真理时不倦的探索精神和坚忍不拔的毅力。

原子的奥秘

科普档案 ●化学名称:原子　　　　　　●性质:在化学反应中不可分割,质量极小

　　新西兰著名化学家卢瑟福向人们揭示了原子的奥秘,使我们对物质的认识更精确了一步,几乎可以说是打开了物质世界的大门。

　　我们知道,物质的最核心部分是原子,它就像我们的大脑一样。揭示它的就是新西兰著名的化学家卢瑟福。

　　欧内斯特·卢瑟福19世纪70年代生于新西兰纳尔逊附近的泉林村。父亲是农民和工匠,母亲是乡村教师。他在小学时就对科学实验产生了兴趣。卢瑟福兄弟姐妹一共12人,他排行老四。

　　大自然是美丽的,农村的生活是艰苦的。12个兄弟姐妹的生计全靠父母的劳作。卢瑟福的兄弟姐妹从小就知道生活的艰难,无须什么人教育,他们都知道要想生活得好一点就得自己动手、动脑去创造,需要踏踏实实地做事。卢瑟福在这种家庭中成长起来,养成了相互协作、尊重别人的良好品质。后来卢瑟福成名之后,他的这种品质仍然保留着。他被科学界誉为"从来没有树立过一个敌人,也从来没有失去过一个朋友"的人。

　　父亲的心灵手巧,母亲的乐观向上、勤劳、朴实是卢瑟福的榜样。他也喜欢动手动脑,显示出他非同寻常的创造天赋。卢瑟福的父亲是一个聪明又肯动脑子的人,他勤奋又有创造性。在开办亚麻厂时,他试验用几种不同的方法浸渍亚麻,利用水去驱动机器,选用本地的优良品种,结果他的产品被认为是新西兰最好的一类。他还设计过一些装置以提高工作效率。他的这些行为深深影响了卢瑟福,使幼小的卢瑟福开始了自己的发明创造。

　　家里有一个用了多年的钟,经常停下来,很耽误事,大家都认为无法修

理了。但是卢瑟福却不肯轻易把它丢掉，他把旧钟拆开，把每一个零件重新调整到位，清理钟内多年的油泥，重新装好。结果，钟修好了，还走得很准。当时照相机还是比较贵重的商品，卢瑟福竟然自己动手制作起来。他买来几个透镜，七拼八凑居然制成了一台照相机。他自己拍摄自己冲洗，成了一个小摄影迷。

卢瑟福这种自己动手制作、修理的本领，对他后来的科学研究工作极为有用。

□卢瑟福

有一次，卢瑟福应邀到英国学术协会做报告，正当他以实验来证明自己的说法时，仪器突然出了故障。卢瑟福不慌不忙地抬起头来，对观众说："出了一点小毛病，请大家休息5分钟，散散步或抽支香烟，你们回来时仪器就可以恢复正常了。"果然几分钟后又能看他的实验了。

没有多年培养起来的动手能力和经验是很难有这样的自信心的。当时在场的一位一流物理学家对此颇有感慨："这位年轻人（指卢瑟福）的前程将是无比远大的。"

幼年的卢瑟福与他的兄弟姐妹没有什么太明显的区别。如果说有什么不同之处，那就是他喜欢思考、喜欢读书。在卢瑟福一生中曾起过重要作用的一本书，便是他10岁的时候从他母亲那儿得到的、由曼彻斯特大学教授巴尔佛·司徒华写的教科书《物理学入门》，这本书开始把他引上研究科学的道路。这本书不单单给读者一些知识，为了训练智力，书中还描述了一系列简单的实验过程。卢瑟福为书中的内容所吸引并从中悟出了一些道理，即从简单的实验中探索出重要的自然规律，这些对卢瑟福一生的研究工作都产生了重大的影响。

19世纪90年代中期，卢瑟福接受卡文迪许实验室主任J.J.汤姆生的建议，把研究方向转到放射性上。卢瑟福用强磁场作用于镭发出的射线，从中他发现，铀射线可以被分成三个组成部分，一种是易被吸收、偏转幅度大的

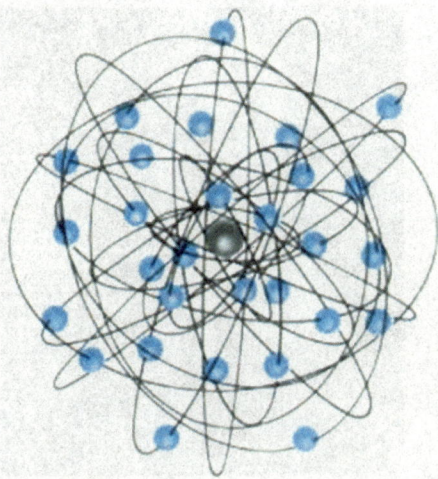
□ 卢瑟福的原子结构模型

带负电的部分的射线,他称为 α 射线;另一种是穿透性强、偏转幅度小的带正电的部分射线,他称为 β 射线;同时他还根据实验预言,可能存在一种穿透能力更强、在磁场中不偏转的射线,这就是后来发现的并由他命名的 γ 射线。后来,他与来自英国的青年化学家索迪合作,于 20 世纪初首先发现了放射性元素的半衰期,提出放射性是元素自发衰变现象,指出放射性和光谱实验表明,原子有一个很复杂的结构。接着,他和索迪根据 α 射线和 β 射线在电场和磁场中的偏转度,辨别出它们分别由带正、负电的粒子构成。他们指出放射性元素的原子衰变时释放荷电粒子而变成性质不同的新元素,列出了早期的镭、钍、铀的衰变图谱,确认 α 射线的能量占放射性元素辐射能量的 99% 以上,为他们后来以 α 射线作为研究原子结构的炮弹提供了根据。两年后他应用放射性元素的含量及其半衰期,计算出太阳的寿命约为 50 亿年,开创了用放射性元素半衰期计算矿石、古物和天体年纪的先河。

卢瑟福在放射性研究上取得的一系列重大成果,使他扬名于世。他谢绝了一些著名大学的高薪聘请,而出任英国曼彻斯特大学的物理学教授,因为该校有设备先进的实验室和优越的科研条件。卢瑟福对 α、β、γ 射线做了大量的研究。第二年,他测算出 β 射线的电荷。五年后,他提出 α 粒子的带电量为 2e,原子量为 3.84,认为 α 粒子失去电荷后应变成氦原子。之后,他与人合作,测定 γ 射线的性质和波长,确认 γ 射线是一种比 X 射线频率更高的电磁辐射。

卢瑟福早就有用 α 射线探索原子结构的想法。他发现 α 射线的能量比 β 和 γ 射线大 99 倍左右,几年后,他又发现 α 射线通过云母片时,出现了偏转 2° 的小角度散射现象。接着,盖革发现 α 射线的散射角与靶材料的原子量成正比。同年,布拉格写信给卢瑟福,告诉他用 α 粒子轰击原子时发生 α 粒子急转弯的现象。这些现象促使他和盖革决定用重金属靶进行散射实验。

卢瑟福向正在实验的马斯登提出:"看一看你是否能够得到从金属表面直接反射 α 粒子的效应?"结果,马斯登发现了等于和大于 90° 的大角度散射现象。卢瑟福以特有的洞察力和直觉,抓住这个反常现象。卢瑟福受"大宇宙与小宇宙相似"的启发,把太阳系和原子结构进行类比,提出了一个原子模型。他认为,原子像一个小太阳系,每个原子都有一个极小的核,核的直径在 10~12 厘米左右,这个核几乎集中了原子的全部质量,并带有几个单位正电荷,原子核外有几个电子绕核旋转,所以一般情况下,原子显中性。

卢瑟福发现了原子核以后,进一步用各种金属做粒子散射实验,发现不同的金属对粒子的散射能力不同,散射能力越强,证明核带的正电荷越多,因而斥力也就越大。

卢瑟福就这样向人们揭示了原子的奥秘,使我们对物质的认识更精确了一步,几乎可以说是打开了物质世界的大门。

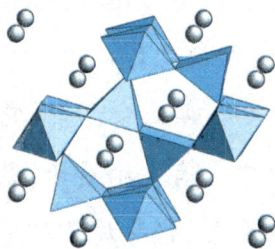

📖 **知识链接**

原子奥秘的揭示意义

千百年以来,人们对物质的组成深感兴趣,许多的科学家为此投入了大量的时间和精力。卢瑟福对原子奥秘的揭示,为我们打开了物质世界的大门,让我们对世界的了解更加深入了。

原子与原子核

科普档案 ●**化学名称**：原子核　　●**性质**：体积小，质量大，带正电

　　放射性元素的发现，说明原子并非不可分割。随着人们对放射现象的深入研究，逐渐认清了化学元素的真面目。

　　早在 2400 多年前，古希腊著名哲学家德谟克利特便提出了"原子"这一概念，意思是"不可再分割"。但放射性元素的发现，说明原子并非不可分割。随着人们对放射现象的深入研究，逐渐认清了化学元素的真面目。

　　20 世纪初，科学家们开始弄清楚，原子是由原子核和电子组成的，电子围绕着原子核飞快地旋转着。原子核又是由什么组成的呢？20 世纪 30 年代，人们终于揭开了原子核的秘密：原子核是由质子和中子组成的。质子、中子都比电子大得多，质子的质量是电子质量的 1836 倍，中子的质量是电子质量的 1839 倍。质子是带正电的微粒，中子不带电，是中性的微粒。

　　自从揭开了原子核的秘密之后，人们开始认识元素的本质：氢是第 1 号元素，它的原子核中含有 1 个质子；氦是第 2 号元素，它的原子核中含

□原　子

有 2 个质子；碳是第 6 号元素，它的原子核中含有 6 个质子……铀是第 92 号元素，它的原子核中含有 92 个质子。也就是说，元素原子核中的质子数，就等于它在元素周期表上"房间"的号数——原子序数。也就是说，化学元素的不同，就在于它们原子核中质子的多少不同！原子核中质子数相同的一类原子，就属于同一种化学元素。

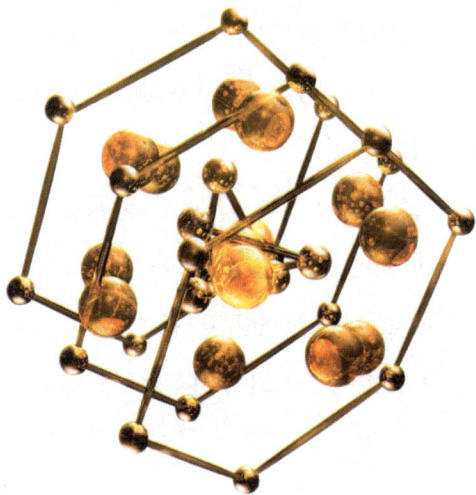

□原子结构图

看来，在原子核中举足轻重的是质子，它的多少决定了原子的命运。然而，中子起什么作用呢？

人们经过仔细研究，发现同一元素的原子核中，虽然质子数相同，但中子数有时不一样。比如，普通的氢的原子核，只含有 1 个质子；有一种氢原子的原子核，除了含有 1 个质子外，还含有 1 个中子，叫作"氘"或"重氢"；还有一种氢原子的原子核，含有 1 个质子和 2 个中子，叫作"氚"或"超重氢"。氢、氘、氚都属于氢元素，但它们由于原子核中的中子数不同，脾气也不一样，被叫作"同位素"。

本来，人们对放射性元素镭会变成铅和氦感到莫名其妙，不可思议。这时，就可以得到正确的解释：镭是第 88 号元素，它的原子中含有 88 个质子。它的原子核分裂后，变成 4 块碎片。在那块大的碎片中，含有 82 个质子，也就是第 82 号元素——正好是铅；在那 3 块小的碎片中，含有多少个质子呢？用 88 减去 82，剩 6 个质子，而 3 块碎片是一样大小的，也就是各含有 2 个质子——2 号元素，正好是氦！

苏联科学文艺作家伊林，曾用非常通俗的比喻，说明了原子核裂变的原理："就好像你把 3 枚 5 分的铜币锁在抽屉里。过了几天，你发现抽屉里的 5 分铜币不是 3 枚,而只有 2 枚了。那第三枚 5 分铜币自己兑成了 3 分的和 2 分的铜币了。"也就是说,原子核分裂,就好像 5 分铜币兑成 3 分、2 分的铜币。

这给了人们一个重要的启示:能不能进行特殊的"加法"呢? 比如,那个第 43 号元素,一直找不到,而第 42 号元素——钼是人们熟知的。能不能运用"加法",往钼的原子核中"加"上一个质子,岂不就可以人工地制造出第 43 号元素吗?在这个想法的支持之下,人们又开始了寻找化学元素的旅程。

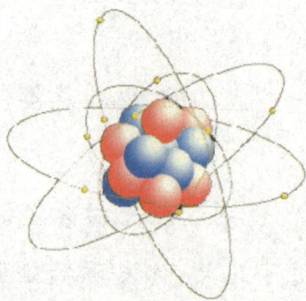

🔖知识链接

原子核"加法"

这种原子核的"加法",燃起了人们寻找失踪元素的热情。于是,人们又继续探根求源,千方百计去捉拿失踪的元素了。

碳化物的制法

科普档案 ●元素名称:碳　　●性质:无臭无味,不溶于水、稀酸、稀碱和有机溶剂,有还原性

　　19世纪末,木棉厂工人詹姆斯·穆尔黑德与自称为加拿大发明家的威尔逊在制造铝的过程中发现了碳化物的制法,从那时起,碳化物的制法至今在本质上也没有什么改变。

　　19世纪80年代中期,美国的查尔斯·梅钦·霍尔和法国的鲍尔·路易·艾尔分别独立地发现了把冰晶石掺入氧化铝进行熔化电解的方法,从而使铝进入大量生产阶段。在此之前,铝的价格高得大体上同贵金属相等。为此,世界的发明家都在拼命努力,想找到生产铝的简便方法。

　　在美国北卡罗来纳州木棉厂工作的詹姆斯·穆尔黑德就是其中的一个。自称为加拿大发明家的T.L.威尔逊向他谈了这样一些他爱听的事情。威尔逊说,如果像炼铁那样,把木炭掺入氧化铝中加以高温,就会还原成金属铝。但是,这需要比炼铁高得多的温度,不能用熔矿炉,而必须用电炉。穆尔黑德听信了这番话,出钱成立了一个公司,由威尔逊指导生产铝,当然,铝并不是用这种方法就能轻易得到的,所以屡遭失败。威尔逊并没有灰心,他又提出了第二个方案:把木炭掺入生石灰(氧化钙)中加以高温,使它还原成金属钙。再把金属钙掺入氧化铝加热,抽去氧使铝分离出来。这个方

□金属钙

案的后半部分是合理的,但前半部分同前面提到的方案一样,仍然是不可能实现的。但是,穆尔黑德仍然支持这个新建议。威尔逊在生石灰中掺入作为碳来源的煤焦油,用电炉加高温,得到了结晶状物质,这种物质有金属光泽。看来,如所预料的那样,得到了金属钙。

为了证实是不是金属钙,威尔逊便把这种物质投入了水中。他想如果是钙,它会使水分解,释放出氢气。结果的确冒出了不少气泡。他将火移近,立即燃烧起来。他断定气体是氢,制造出来的肯定是金属钙。但是,他没有高兴多久,火焰就变黄了,而且开始冒黑烟。如果是氢,火焰应该是无色的。

仔细分析以后,才知道制造出的物质是碳化物,即碳化钙。抛入水中所生成的气体是乙炔。制造铝的美梦虽然破灭了,但是却掌握了碳化物实用制法。穆尔黑德和威尔逊进一步研究和改进制法,取得了美国的专利权。从那时直到今天,碳化物的制法在本质上没有什么改变。

◆知识链接

碳化钙

无色晶体,工业品为灰黑色块状物,断面为紫色或灰色。遇水立即发生激烈反应,生成乙炔,并放出热量。碳化钙是重要的基本化工原料,主要用于产生乙炔气,也用于有机合成、氧炔焊接等。

酸碱指示剂的发现

科普档案 ●化学名称:酸碱指示剂 ●性质:结构较复杂,在 pH 不同的溶液中呈现不同颜色

酸碱指示剂是化学实验中检验溶液酸碱性的最常用的化学试剂。像科学上的许多其他发现一样,酸碱指示剂的发现是化学家波义耳善于观察、勤于思考、勇于探索的结果。

接触过化学的人都知道,在化学实验中,有一种最常用的化学试剂,它叫酸碱指示剂,是检验溶液酸碱性的。像科学上的许多其他发现一样,酸碱指示剂的发现是化学家波义耳善于观察、勤于思考、勇于探索的结果。

一天清晨,英国年轻的科学家波义耳正准备到实验室去做实验,一位花木工为他送来一篮非常鲜美的紫罗兰,喜爱鲜花的波义耳随手取下一枝带进了实验室,把鲜花放在实验桌上开始了实验。当他从溶液瓶里倾倒出盐酸时,一股刺鼻的气体从瓶口涌出,倒出的淡黄色液体有少许酸沫飞溅到鲜花,紫罗兰上冒出轻烟,他想:"真可惜,盐酸弄到鲜花上了",为洗掉花上的酸沫,他把花放到水里,一会儿发现紫罗兰颜色变红了。波义耳既新奇又兴奋,他认为,可能是盐酸使紫罗兰颜色变红色,为进一步验证这一现象,他立即返回住所,把那篮鲜花全部拿到实验室,取了当时已知的几种酸的稀溶液,一个杯子倒进一种酸,再往每个杯子里放进一朵花。波义耳低下

□波义耳

头,仔细地观察着。只见,深紫色的花朵逐渐变色了,先是带点儿淡红色,最后完全变成了红色,现象完全相同。由此他推断,不仅盐酸,而且其他各种酸都能使紫罗兰变为红色。他想,这太重要了,以后只要把紫罗兰花瓣放进溶液,看它是不是变红色,就可判别这种溶液是不是酸。后来,他又弄来其他花瓣做试验,并制成花瓣的水或酒精的浸液,用它来检验是不是酸,同时用它来检验一些碱溶液,也产生了一些变色现象。

为了获得丰富、准确的第一手资料,波义耳还采集了药草、牵牛花、苔藓、月季花、树皮和各种植物的根……泡出了多种颜色的不同浸液,有些浸液遇酸变色,有些浸液遇碱变色,最有趣的是用石蕊泡出的溶液。酸和碱本来像水一样,是无色透明的,可是酸液滴到石蕊溶液里,就出现红色,碱能使石蕊溶液变成蓝色。

后来,波义耳又想出一个更简便的方法,用石蕊浸液把纸浸透,再把纸烘干制成纸片,使用时只要将一小块这种纸片放进被检验的溶液里,根据纸片的颜色变化,就能知道这种溶液是酸性的还是碱性的。波义耳把这种石蕊试纸和与石蕊试纸起同样作用的其他物质称为"指示剂"。

今天,我们使用的石蕊、酚酞试纸、pH试纸,就是根据波义耳发现的原理研制而成的,它极大地方便了我们的研究。

知识链接

发现酸碱指示剂的意义

酸碱指示剂的发现为化学研究提供了便利。它可以十分简便地帮助我们分辨出什么是酸、什么是碱,进而判断物质的性质。

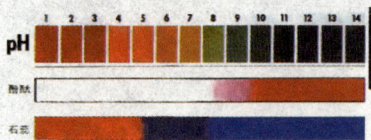

千分位上的发现

科普档案 ●化学名称:氮气　　　　●性质:常况下无色无味无毒,在水中溶解度小

化学试验需要精确的测量,在精确的测量中,往往会有意外的收获。氩的发现就是化学家瑞利进行精确测量的结果。

化学试验需要精确的测量,在精确的测量中,往往会有意外的收获。氩的发现就是化学家瑞利进行精确测量的结果。瑞利是注重严格定量研究的化学家之一,他的作风极为严谨,对研究结果要求极为准确,这一点,成为他在科学上做出杰出贡献的重要基础。

瑞利有一项重要研究是从空气和氮的化合物中制取纯净的氮。这项工作首先要测定各种气体的密度。瑞利测定了氢气、氧气的密度,然后开始测定氮气的密度:把磷在空气中燃烧,除掉氧气,然后把所剩的气体通过氢氧化钠溶液和浓硫酸,分别除掉二氧化碳和水蒸气,得到了纯净的氮气。经过测定,得到的结果是每升氮气重 1.2572 克。为了证实这个实验结果是不是可靠,瑞利用另一种方法获得纯氮:把氨加热分解,从中可以获得纯氮。可是测定密度的结果却是每升重 1.2508 克,比从空气中得到的氮轻了 0.0064 克。

0.0064 克,看来这只不过是个微不足道的小数罢了,但瑞利却没有轻易地放过它。瑞利决心重新再做这个实验。他更加谨慎、小心,不放走任何一个小气泡,但结果仍相差 0.0064 克。瑞利还不放心,又做了第三次,结果得到的氢气还是比空气中得到的轻。瑞利又试着从笑气、尿素等含氮化合物中制得氮气,结果表明:从这些含氮化合物里所得到的氮气的密度,和从空气里得到的一样。

接着他用电火花通过两种不同的氮气，又把它们分别封闭起来，静置了8个月。结果还是没能够改变它们之间的密度差异。这究竟是怎么回事呢？

瑞利认为，之所以由空气制得的氮气密度大一些，可能有四种假设：

（1）由大气所得的氮气，可能还含有少量的氧气。

（2）由氨制得的氮气，可能混杂了微量的氢气。

□物理学家瑞利

（3）由大气制得的氮气，或许有类似臭氧 O_3 的 N_3 分子存在。

（4）由氨制得的氮气，可能有若干分子已经分解，游离的 N 原子把氮气的密度降低了。

第一个假设是不可能的，因为氧气和氮气的密度相差不大，必须混杂有大量的氧，才有可能出现千分之五的差异。与此同时，瑞利又用实验证明：他由氨制得的氮气，其中不含氢气。第三种假设也不足置信，因为他采用无声放电使可能混杂 N_3 的氮气发生变化，并没发现氮气的密度有所变化，即不存在 N_3。第四种假设经过八个月的实验也排除了。瑞利对此感到困惑不解。

瑞利是个物理学家，对化学不很在行，他决定给当时的英国自然科学杂志《自然》写一封公开信，向化学家们求救。瑞利很快就收到许多化学家的来信。他们提出了两种看法：一种是认为氮气本身便存在两种同素异性体——重氮和轻氮。另一种是拉姆赛提出的，他认为空气中含有一种未知的较重的气体，这种气体夹杂在氮气中，使它的密度变大了。

这两种不同的意见使瑞利十分为难：相信第一种意见吧，但这种意见没有根据。如果相信拉赛姆的意见，则等于是说，许多化学家对空气所做的上千次的分析都是不够全面的。

这时有人向瑞利提起了一百多年前卡文迪许所做的实验，他放电使氧气与氮气化合。卡文迪许，英国的贵族科学家，以科学实验为乐，身后留下了大量的实验记录和大笔的财产。他的亲属于19世纪70年代初捐款给剑桥大学建立了著名的卡文迪许实验室。瑞利找到了当年卡文迪许的实验记录。

卡文迪许将电火花引入空气时产生了红棕色硝酸气。为了深入研究，他用两只酒杯装满水银，又把U形管倒立在两个酒杯上，使水银密封U形管内的空气。在这之前他在水银面上放少量苛性钾，以吸收硝酸气。然后通过水银插入导线，在U形管内放电，使气体不断减少。

当管内的氧气消耗殆尽时，再通入一些氧气，继续放电。如此反复，卡文迪许率领着他的仆人们，利用摩擦起电，一直摇了三个星期的起电盘。最后管内残留少量不再反应的气体时，卡文迪许用他的"硫肝液"吸收掉剩余的氧气，结果发现还有一个小气泡，说不清是什么气体。他在实验记录中写道："在U形管里剩下的小气泡是由于某种原因而不与脱燃素气（氧气）化合的浊气，但它又不像普通的浊气（氮气），因为什么电火花都不能使它与脱燃素气（氧气）化合。空气中的浊气（氮气）不是单一的物质，还有一种不与脱燃素气（氧气）化合的浊气，其总量不超过全部空气的1/120。"

瑞利决定重做试验，研究这个现象。在19世纪90年代的一个夏天，瑞利终于从空气中收集到0.5毫升比氮气重的未知气体。和瑞利同时，拉姆塞在自己的实验室里，也积极地进行从空气中提取未知气体的研究，他把用氢氧化钠和浓硫酸除去二氧化碳和水蒸气后的空气，通过装有炽热金属镁粉末的管子，除去了氧气和氮气，结果也得到了比氮气重的未知气体。这时，拉姆塞决定和瑞利一起进行研究。拉姆塞用炽热的镁来吸收氮气，也制得一种气体。他将这种气体充入气体放电管中，发现了原来未曾见过的红色和绿色等各种谱线。经光谱学家分析，剩余气体的谱线多达200余条。通

□卡文迪许

过光谱分析可以判断这是一种新的气体元素，两人都制得了这种特殊的气体。

在这之后，他们又想：氩会不会是放电或氮气与镁剧烈反应的产物呢？为了排除这种可能性，瑞利和拉姆塞又做了大量的物理实验，希望结果不受化学反应的影响。他们采用了气体扩散速度比的实验法，即将空气通过多孔性的长管，分子质量较小的氮气和氧气就会较多地通过管壁扩散到管外去，最后排出的气体就会含有较重的气体，其密度也会随之增加。管道越长分离得越彻底。这样，他们用物理方法也得到了氩。

当英国科学团体在牛津开会时，瑞利和拉姆塞向大会宣布：我们发现了一种新的元素，它在四面八方围绕着我们，我们平时呼吸的空气就有它，它同氧、氮都是大气的组成部分。这种新气体的脾气非常古怪——懒惰而孤独，几乎不和任何元素相化合。

这样，瑞利和哈姆塞把这种新气体命名为"Argon"即氩，符号为 Ar，意为"不活泼""懒惰""迟钝"。氩在空气中含量并不算太少，按体积计算占 0.93%。瑞利和拉姆塞的发现，在当时的科学界引起了轰动。

📙 **知识链接**

第三位小数的胜利

因为氩的发现源于极其精密的数值，因此，人们把氩的发现称为"第三位小数的胜利"，它深刻地说明了做任何事都必须认真、细致，粗枝大叶，往往会搞错这个道理。

空气成分的发现

科普档案 ●化学名称：空气　●性质：气体的混合，成分及其比例随着高度、气压的改变而改变

> 18世纪，通过对燃烧现象和呼吸作用的深入研究，人们才开始认识到气体的多样性和空气的复杂性。

17世纪中叶以前，人们对空气和气体的认识还是模糊的，到了18世纪，通过对燃烧现象和呼吸作用的深入研究，人们才开始认识到气体的多样性和空气的复杂性。

18世纪初，一位爱好植物学的英国牧师黑尔斯发明了集气槽，改进了水上集气法。

18世纪70年代初，卢瑟福在密闭容器中燃烧磷，除去寻常空气中可助燃和可供动物呼吸的气体，对剩下的气体进行了研究，发现这种气体不被碱液吸收，不能维持生命和具有可以灭火的性质，因此他把这种气体叫作"浊气"或"毒气"。同年英国化学家普利斯特里也了解到木炭在密闭于水上的空气中燃烧时，能使1/5的空气变为碳酸气，用石灰水吸收后，剩下的气体，不助燃也不助呼吸。

18世纪70年代中期，普利斯特里利用一个直径为0.3048米的聚光镜来加热各种物质，看看它们是否会分解放出气体，他还用汞槽来收集产生的气体，以便研究它们的性质。那年，他如法加热汞煅灰（即氧化汞），发现蜡烛在分解出的"空气"中燃烧，放出更为光亮的火焰；他又将老鼠放在这种气体中，发现老鼠比在同体积的寻常空气中活的时间约长了4倍。可以说，普利斯特里发现了氧。遗憾的是他和卢瑟福等都坚信当时的"燃素说"，从而错误地认为：这种气体不含燃素，它有特别强的吸收燃素的能力，因而

能够助燃，当时他把氧气称为"脱燃素空气"，把氮气称为"被燃素饱和了的空气"。

事实上，瑞典化学家舍勒在卢瑟福和普利斯特里研究氮气的同时，也在从事这一研究，他可算是第一个认为氮是空气成分之一的人。他用硝酸盐(硝酸钾和硝酸镁)、氧化物(氧化汞)加热，制得"火气"，并用实验证明空气中也存在"火气"。

综上所述，可见舍勒和普利斯特里虽然都独立地发现并制得氧气，但普利斯特里却与成功失之交臂。

□英国化学家普利斯特里

法国化学家拉瓦锡较早地运用天平作为研究化学的工具，在实验过程中重视化学反应中物质质量的变化。当他知道了普利斯特里从氧化汞中制取氧气(当时称为脱燃素空气)的方法后，就做了一个研究空气成分的实验。在试验中，他摆脱了传统的错误理论燃素说的束缚，尊重事实，做了科学的分析和判断，揭示了燃烧是物质跟空气里的氧气发生了反应，指出物质里根本不存在一种所谓燃素的特殊东西。

18世纪70年代后期，拉瓦锡在接受其他化学家见解的基础上，认识到空气是两种气体的混合物，一种是能助燃，有助于呼吸的气体，并把它命名为"氧"，意思是"成酸的元素"；另一种是不助燃、无助于生命的气体，命名为氮，意思是"不能维持生命"。

18世纪80年代中期，英国化学家卡文迪许用电火花使空气中氮气跟氧气化合，并继续加入氧气，使氮气变成氮的氧化物，然后用碱液吸收而除去，剩余的氧气用红热的铜除去。但最终残余有1%的气体不跟氧气化合，当时就认为可能是一种新的气体，但这种见解却没有受到化学家们的重视。

经过百余年后，英国物理学家瑞利于19世纪末发现从含氮的化合物中制得的氮气每升重1.2505克，而从空气中分离出来的氮气在相同情况下每升重 1.2572 克，虽然两者之差只有几毫克，但已超出了实验误差范围。所以他怀疑空气中的氮气中一定含有尚未被发现的较重的气体。瑞利沿用卡文迪许的放电方法从空气中除去氧和氮；英国化学家拉姆塞把已经除掉二氧化碳、水和氧气的空气通过灼热的镁以吸收其中的氮气，他们二人的实验都得到一些残余的气体，经过多方面试验断定它是一种极不活泼的新元素，定名为氩，是不活动的意思。

19 世纪 60 年代末的一天，在印度发生了日全食，法国天文学家严森从分光镜中发现太阳光谱中有一条跟钠 D 线不在同一位置上的黄线，这条光谱线是当时尚未知道的新元素所产生的。当时预定了这种元素的存在，并定名为氦（氦是拉丁文的译音，原意是"太阳"）。地球上的氦是 19 世纪 90 年代中期，从铀酸盐的矿物和其他铀矿中被发现的。后来，人们在大气里、水里，以及陨石和宇宙射线里也发现了氦。

接着，拉姆塞又在液态空气蒸发后的残余物里，先后发现了氪（拉丁文原意是"隐藏的"）、氖（拉丁文原意是"新的"）和氙（拉丁文原意是"生疏的"）。

19 世纪的最后一年，德国物理学教授道恩在含镭的矿物中发现一种具有放射性的气体，称为氡（拉丁文原意是"射气"）。

🔖知识链接

欧内斯特·卢瑟福

欧内斯特·卢瑟福被称为近代原子核物理学之父，是 20 世纪公认的最伟大的实验物理学家，在放射性和原子结构等方面，都做出了重大的贡献。他还是最先研究核物理的人。他的发现在很大范围内有重要的应用，如核电站、放射标志物以及运用放射性测定年代。

氨气的发现与合成

科普档案 ●化学名称:氨气　　　　　●性质:无色,有刺激性恶臭的气味,极易溶于水

利用氮、氢为原料合成氨的工业化生产是一个较难的课题, 从第一次实验室研制到工业化投产, 约经历了 150 年的时间。

我们知道,氮肥是最重要的农业肥料,它的主要成分是氨。19 世纪,一些有远见的化学家指出:考虑到将来的粮食问题,为了使子孙后代免于饥饿,我们必须寄希望于科学家能实现大气固氮。因此将空气中丰富的氮固定下来并转化为可被利用的形式,在 20 世纪初成为一项受到众多科学家注目和关切的重大课题, 于是开始设计以氮和氢为原料的合成生产氨的流程。

利用氮、氢为原料合成氨的工业化生产是一个较难的课题,从第一次实验室研制到工业化投产,约经历了 150 年的时间。

18 世纪 20 年代后期,英国的牧师、化学家哈尔斯,用氯化铵与石灰的混合物在以水封闭的曲颈瓶中加热, 只见水被吸入瓶中而不见气体放出。18 世纪 70 年代中期,化学家普利斯特里重做这个实验,采用汞代替水来密闭曲颈瓶,制得了碱空气(氨)。

19 世纪末,法国化学家勒夏特利是最先研究氢气和氮气在高压下直接合成氨的反应的人。很可惜,由于他所用的氢气和氮气的混合物中混进了空气,在实验过程中发生了爆炸。

虽然在合成氨的研究中化学家遇到的困难不少,但是,德国的物理学家、化工专家哈伯和他的学生勒·罗塞格诺尔仍然坚持系统的研究。起初他们想在常温下使氮和氢反应,但没有氨气产生。他们又在氮、氢混合气中通

以电火花，只生成了极少量的氨气，而且耗电量很大。后来才把注意力集中在高压这个问题上，他们认为高温高压是最有可能实现合成反应的。

但什么样的高温和高压条件为最佳？以什么样的催化剂为最好？这还必须花大力气进行探索。以

□氨气的合成实验

锲而不舍的精神，经过不断的实验和计算，哈伯终于在20世纪初取得了鼓舞人心的成果。这就是在600℃的高温、200个大气压和以锇为催化剂的条件下，能得到转化率约为8%的合成氨。8%的转化率不算高，当然会影响生产的经济效益。哈伯知道合成氨反应不可能达到像硫酸生产那么高的转化率，在硫酸生产中二氧化硫氧化反应的转化率几乎接近于100%。怎么办？哈伯认为若能使反应气体在高压下循环加工，并从这个循环中不断地把反应生成的氨分离出来，则这个工艺过程是可行的，于是他成功地设计了原料气的循环工艺。这就是合成氨的哈伯法。

哈伯把他们取得的成果介绍给他的同行和巴登苯胺纯碱公司，并在他的实验室做了示范表演。尽管反应设备事先做了细致的准备工作，可是实验开始不久，有一个密封处就受不住内部的压力，于是混合气体立即冲了出来，发出惊人的呼啸声。

他们立即把损坏的地方修好，又进行几小时的反应后，公司的经理和化工专家们亲眼看见清澈透明的液氨从分离器的旋塞里一滴滴地流出来。但是，实验开始时发生的现象确实是一个严重的警告，说明在设计这套装置时，必须采取各种措施，以避免不幸事故的发生。哈伯的那套装置，在示范表演后的第二天发生了爆炸。整个设备顷刻之间变成一堆七扭八歪的烂铁。随后，刚刚安装好的盛着催化剂锇的圆柱装置也爆炸了。这时金属锇粉

□合成氨的发明者哈伯

遇到空气又燃烧起来,结果,把积存备用的价值极贵的金属铱几乎全部变成了没有多大用处的氧化铱。

尽管连续出了一些爆炸事故,但巴登公司的经理布隆克和专家们还是一致认为这种合成氨方法具有很高的经济价值。于是该公司不惜耗巨资,还投入强大的技术力量,并委任德国化学工程专家波施将哈伯研究的成果设计付诸生产。波施花了整整5年的时间主要做了三项工作。

第一,从大量的金属和它们的化合物中筛选出合成氨反应的最适合的催化剂。在这项研究中波施和他的同事做了两万多次实验,才肯定由铁和碱金属的化合组的体系是合成氨生产最有效、最实用的催化剂,用以代替哈伯所用的锇和铀。第二,建造了能够耐高温和高压的合成氨装置。最初,他采用外部加热的合成塔,但是反应连续几小时后,钢中的碳与氢发生反应而变脆,合成塔很快地报废了。后来,他就将合成塔衬以低碳钢,使合成塔能够耐氢气的腐蚀。第三,解决了原料气氮和氢的提纯以及从未转化完全的气体中分离出氨等技术问题。经波施等化工专家的努力,终于设计成了能长期使用的操作合成氨装置。

哈伯合成氨的第二年,巴登苯胺纯碱公司建立了世界上第一座合成氨试验工厂,三年后建立了大工业规模的合成氨工厂。合成氨生产方法的创立不仅开辟了获取固定氮的途径,更重要的是,这一生产工艺的实现对整个化学工艺的发展产生了重大的影响。合成氨的研究来自正确的理论指导,反过来合成氨生产工艺的研究又推动了科学理论的发展。

1914年第一次世界大战爆发,民族沙文主义所煽起的盲目的爱国热情将哈伯深深地卷入战争的旋涡。他所领导的实验室成了为战争服务的重要军事机构:哈伯承担了战争所需材料的供应和研制工作,特别在研制杀人毒气方面。他曾错误地认为,毒气进攻乃是一种结束战争、缩短战争时间的好办法,从而担任了大战中德国施行毒气战的科学负责人。

根据哈伯的建议,德军把装盛氯气的钢瓶放在阵地前沿施放,借助风力把氯气吹向敌阵。第一次野外试验获得成功。接着,在德军发动的伊普雷战役中,在6千米宽的前沿阵地上,德军5分钟内施放了180吨氯气,约一人高的黄绿色毒气借着风势沿地面冲向英法阵地(氯气比重较空气大,故沉在下层,沿着地面移动),进入战壕并滞留下来。这股毒浪使英法军队感到鼻腔、咽喉剧痛,随后有些人窒息而死。这样英法士兵被吓得惊慌失措,四散奔逃。据估计,英法军队约有15000人中毒。这是军事史上第一次大规模使用杀伤性毒剂的现代化学战的开始。毒气所造成的伤亡,连德国当局都没有估计到。

然而使用毒气进行化学战,在欧洲各国遭到人民的一致谴责。哈伯也因此在精神上受到很大的震动,战争结束不久,他害怕被当作战犯而逃到乡下约半年。

战后,哈伯庄严地声明:"40多年来,我一直是以知识和品德为标准去选择我的合作者,而不是考虑他们的国籍和民族,在我的余生,要我改变认为是如此完好的方法,则是我无法做到的。"

📘知识链接

化学武器在战场上的运用

科技的发明对人类而言,永远都是一把"双刃剑"。用得好,会为人类的发展做出贡献;用不好,则会带来难以想象的后果。发明化学毒气不是化学家的错,而是被战争集团利用的结果。因此,化学武器在战场上的运用与化学家没有必然的联系,这也不是哈伯的错。

异想天开发现磷

科普档案 ●元素名称:磷   ●性质:单质磷在黑暗中能发光,有恶臭,剧毒

　　想发财的德国商人波兰特,经过几十次的改变配方,终于在一次将尿渣、砂子和木炭放在炉中加热时,提炼出了单质磷,多数人认为这只是巧合,但其中却存在必然联系。

　　磷是众所周知的化学元素,它原意叫作"冷光"。民间传说中的"鬼火",就是一种磷的氢化物产生的自燃现象。人及动物的尸体腐烂分解会形成磷的氢化物。它是一种气体,当遇到空气,就会自动地燃烧起来。我国古代又把鬼火叫成燐火,因此我国把叫作"冷"光的物质也叫做"燐"。由于磷是非金属元素,常温下单质为固态,于是又把原来的"火"字旁改为"石"字旁,写成"磷"。这也是用中文汉字对化学物质命名的一大特色。

　　有趣的是,最早发现的磷是从尿液中提炼出来的。在那时,谁也不知道人和动物的尿液里到底含有什么东西,而当时有一个想发财的商人,千方百计地寻找生财之道,偶尔听人说,从人的尿液里可以制造出黄金或是能够点石成金的宝贝。于是他就偷偷地收集了大量的尿液,一点一点地慢慢蒸干后,又胡乱地加上各种各样的东西,今天用煮的办法,明天又用烧烤的

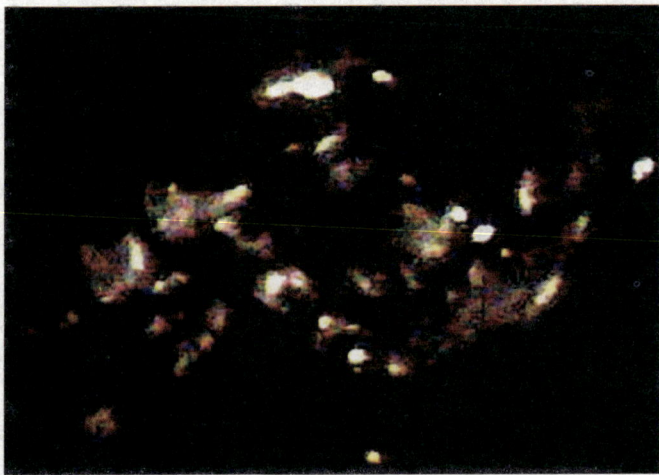

□鬼火又叫作磷火

办法，一次一次地干下去，终于有一次，他发现了一种在黑夜中能发出荧光的物质。这就是他初次得到的磷，一小块白色柔软的白磷（磷的一种单质）。这是17世纪60年代末的事，这个人的名字叫波兰特，是德国汉堡人。

尿液的成分，除了绝大部分水之外，主要的是尿素。此外还有一些新陈代谢的废物，其中便含有极少量的硫、磷等元素，而且是以极其复杂的有机化合物的形式存在的，只有在经过长时间的发酵蒸发后，才能变成磷酸盐。磷原来是以多种形式的化合状态，遍布于人及动物体内，主要有各种酶及促使营养成分发生同化作用，为生理需要提供活力机制的，含磷的有机化合物也存在于骨骼和牙齿中。平常，我们所吃的食物里，都普遍含有磷。同时由于饮食情况的不同，排泄物中所含磷的量也有所不同。磷可以形成各种各样的化合物，要用磷的化合物来制取单质，都需要经过复杂的化学反应。工业生产上，经常是用磷矿石为原料，加上石英和焦炭，再经过1500℃的高温而产生磷蒸汽，在隔绝空气的状态下，冷凝到凉水中，成为固体的白磷。

真是无巧不成书，波兰特经过几十次的改变配方，更换方法，居然在一次将尿渣、沙子和木炭放在米中加热时，用水冷却产生的蒸汽而得到单质磷。这种十分巧合的事，实在是很少有的。当制出奇怪发光的宝物时，波兰特真是惊喜若狂，他想如果要发财，制法就要十分保密。他得到磷的消息在外界传开以后，人们只知道他是用尿做实验，于是便有很多人也想碰运气地做了起来。德国人孔柯尔居然在17世纪80年代后期，也从尿渣中制出了磷，其做法跟波兰特的方法如出一辙。17世纪80年代初英国的化学家波义耳和他的助手德国人亨克维茨，独立地从尿中制出了磷，并对制法加以改进，大量生产使其成为商品。18世纪70年代中期瑞典化学家舍勒，又从骨头中制出了磷。磷从此有了正式的名称，叫"发光体"。

□固体白磷

白磷被发现以后,又大量投入生产并成为商品出售,它到底有什么用途呢?它在最早时期,除了供应实验室用及制造磷头火柴之外,几乎没有其他的用途。磷头火柴是当时使用最方便的引火工具。然而白磷有剧毒,又极易着火,很快就被安全火柴所代替。我们现在所用的安全火柴也要用磷,那就是涂在火柴盒两侧酱紫色的东西,它的主要成分是红磷。红磷跟白磷互为同素异形体,但红磷的着火点比白磷要高得多,而且毒性也极小。现在生产的白磷主要用于合成含磷的农药,这类农药有极强的毒性,使用时要特别小心。

磷就是这样被发现和推广应用的。

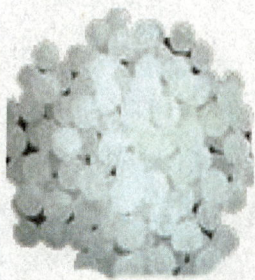

🔷 **知识链接**

磷

磷是一种化学性质很特别的元素,它是动植物体内必需的营养元素,缺少它,植物的果实便不能丰硕饱满,人的骨质特别是神经的发育就会受到影响。因此人在青少年发育时期,就应多吃含磷质较多的食物。

溶液导电性的发现

科普档案 ●**化学名称**：溶液　　　　●**性质**：混合物，稳定，各处的密度、组成和性质完全一样

瑞典化学家阿累尼乌斯最早发现液体溶液具有导电性，并由此创立了化学上的电离理论。

我们知道，液体溶液具有导电性，解开这个秘密的是瑞典化学家阿累尼乌斯，由此他创立了化学上的电离理论。

阿累尼乌斯生于瑞典，父亲是乌普萨拉大学的总务主任。阿累尼乌斯3岁就开始识字，并学会了算术。父母并没有专门教他学什么，他是看哥哥写作业时逐渐学会了识字和计算的。他的启蒙教育可以算得上"无师自通"了。6岁时他就能够帮助父亲进行复杂的计算。

阿累尼乌斯聪明好学，精力旺盛，有时候也惹是生非。在教会学校上小学时，就常惹老师生气。有一次他给同学们讲故事，竟忘了上课时间，老师想要处罚他，却又被他逃了过去。

进入中学后，阿累尼乌斯各门功课都名列前茅，特别喜欢物理和化学。聪明的人总喜欢多想一些为什么，遇到疑难的问题他从不放过，经常与同学们争论一番，有时候也和老师辩个高低。中学毕业，他以优异的成绩考入乌普萨拉大学。他选择了物理专业但仍然保持了对化学的兴趣。接着，他比通常期限提前半年通过了候补博士学位的考试，被校方认为是奇才。阿累尼乌斯选择有关电解质方面的课题作为学位论文，而乌普萨拉大学在这方面条件不足，于是他决定拜斯德哥尔摩大学的埃德隆教授为师。当时埃德隆教授正在研究和测量溶液的导电性质。埃德隆教授非常欢迎阿累尼乌斯的到来，在教授的指导下，阿累尼乌斯研究浓度很稀的电解质

溶液的导电性。

从19世纪80年代初开始,阿累尼乌斯对溶液的导电性进行了一系列的测量,直到次年才结束。他花了几个月的时间对实验结果进行整理、概括、计算。同时,他还查阅了学术刊物中与这个问题有关的论文,对有关数据都做了比较,探索各种物质意想不到的现象和解释。在实验中,最使他惊奇的是,很稀的溶液通电后的反应与浓溶液相比,规律要简单得多。以前的化学家也发现了在浓溶液中加入水之后,电流就比较容易通过,甚至已经发现加水的多少与电流的增加有一定的关系。然而他们却很少去想一想,电流和溶液浓度之间的关系。

通过实验和计算,阿累尼乌斯发现,电解质溶液的浓度对导电性有明显的影响。"浓溶液和稀溶液之间的差别是什么?"阿累尼乌斯反复思考着这个很简单的问题。"浓溶液加了水就变成稀溶液了,可见水在这里起了很大的作用。"阿累尼乌斯静静地躺在床上,顺着这个思路往下想:"纯净的水不导电,纯净的固体食盐也不导电,把食盐溶解到水里,盐水就导电了。水在这里起了什么作用?"阿累尼乌斯坐起来,决定把这个问题搞清楚。他想起英国科学家法拉第在19世纪30年代中期提出的一个观点:"只有在通电的条件下,电解质才会分解为带电的离子。""是不是食盐(化学名称是氯化钠)溶解在水里就电离成为氯离子和钠离子了呢?"这是一个非常大胆的设想。因为法拉第认为:"只有电流才能产生离子。"可是现在食盐溶解在水里就能产生离子,与法拉第的观点不一样。不要小看法拉第这个人,虽然他当时已经去世了,但是他的一些观点在当时还是金科玉律。

另外,还有一个问题要想清楚,氯是一种有毒的黄绿色气体,盐水里有氯,并没有哪个人因为喝了盐水而中毒,看来氯离子和氯原子在性质上是有区别的,因为离子带电,原子不带电。到19世纪80年代初阿累尼乌斯根据实验做出这样的结论:溶液稀释时,导电性增加的原因是水。

阿累尼乌斯的新理论是这样的:要解释电解质水溶液在稀释时导电性的增加,必须假定电解质在溶液中具有两种不同的形态。即非活动性的分子形态和活动性的离子形态。实际上,稀释时电解质的部分分子分解为离子，这是活性的形态；而另一部分则不变，这是非活性的形态。因为当时化学家一般都认为溶液中的离子是通入电流后产生的。

阿累尼乌斯决定对自己的想法进行理论上的概括，并准备写成论文发表。他把第一篇题名为《电解质的导电率研究》，第二篇题名为《电解质的化学理论》。这两篇论文经斯德哥尔摩科学院讨论后推荐发表。阿累尼乌斯渴

□瑞典化学家阿累尼乌斯

望留在乌普萨拉工作，他把两篇论文的校样作为学位论文向大学提出。学术委员会接受了这两篇论文，并指定在一年后进行答辩。阿累尼乌斯获得委员会的赞许，答辩得很好。但教授克利夫不同意他的理论。他认为："纯粹是空想，我不能想象，比如，氯化钾怎样会在水中分解为离子。钾在水中单独存在可能吗？任何一个小学生都知道，钾遇水就会产生强烈的反应，同时形成氢氧化钾和氢气。可是氯呢？它的水溶液是淡绿色的，又有剧毒，而氯化钾溶液则是无色的，完全无毒。"

虽然溶液中离子的形成不决定于电流的说法威廉逊、克劳胥斯等化学家早已提出过，但那仅仅是一种没有验证的假设。阿累尼乌斯不但论述得很明确，而且通过实验证明了这个假设的正确性。他甚至还计算出，在氯化氢的溶液中，有92%的溶质处于活性形态，也就是说，大部分溶质分解为离子了。这些结果也为其他科学家所证实。

阿累尼乌斯进一步研究认为，在电解中两极间的电位差只起指导离子运动方向的作用，并没有分解分子；相同当量的离子，不管溶质是什么，都带有同量的电荷，因而在两极沉淀物的当量是相同的，这与法拉第的认识是一致的。这个理论还解释了各种溶液中的反应热。例如，稀释的强酸和强碱的中和热，不管它们是什么，都是相同的。这是因为在强酸和强碱之间的反应都是氢离子和氢氧根离子结合成水分子的反应，中和热都相同。其他

溶液中的反应热都可以从电离理论中得到解释。分析化学反应中的许多现象,如沉淀、水解、缓冲作用、酸和碱的强度以及指示剂的变色等也都可以用电离理论作合理的解释。

阿累尼乌斯由于提出了电离学说,于1903年荣获了诺贝尔化学奖。阿累尼乌斯的电离理论为物理化学的发展开创了新阶段,同时也促进了整个化学的进步。

甚至当初反对过电离理论的克利夫,也在阿累尼乌斯获得诺贝尔奖后认为:"这一新的理论是在困难中成长起来的。那时化学家不认为它是一种化学理论,物理学家也不认为它是一种物理学理论。但是,这种理论却在化学与物理学之间架起了一座桥梁。"克利夫还认为阿累尼乌斯与贝采里乌斯是瑞典的骄傲。他在纪念贝采里乌斯的讲演会上说:"从贝采里乌斯肩上卸下的斗篷,现在已经由阿累尼乌斯戴上了。"这句话充分指出了阿累尼乌斯理论的重要意义。

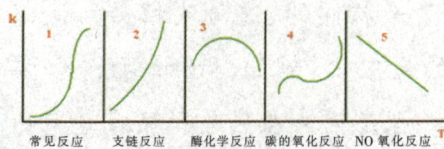

常见反应　支链反应　酶化学反应　碳的氧化反应　NO氧化反应

知识链接

阿累尼乌斯

阿累尼乌斯是一位著名的化学家,他所创立的电离理论为化学的发展开创了一个新的阶段,同时也促进了整个化学的发展和进步。

裂变概念的提出

科普档案 ●**化学名称**:裂变　　●**性质**:能释放出巨大的能量,快速的裂变可以引起猛烈的爆炸

核化学家莉泽·迈特纳最早提出了原子弹、氢弹裂变的原理。她还弄清了原子核分裂时会放出巨大能量的事实,原子弹的制造就是从这里开始的。

我们知道,原子弹、氢弹的原理是裂变,提出这一概念的是核化学家莉泽·迈特纳。

20世纪初的一个秋天,迈特纳刚刚获得博士学位,怀着求知的强烈愿望,从她的故乡奥地利首都维也纳来到当时普鲁士帝国的首都柏林,加入了奥托·哈恩所在的柏林大学研究所工作。值得一提的是,当时这个研究所是不准许妇女进入工作的,只因用化学反应确定糖的结构而于5年前获得诺贝尔化学奖的著名科学家、柏林大学化学教授埃米尔·费舍尔慧眼识才,她才被安排在装满辐射检测仪器的楼外的一个工作间里,进出还只能走外面的大门。

迈特纳做了实实在在的化学实验,其结果是惊人的——分离并发现了新的放射性元素镤即元素周期表的第91号元素。可是,这个伟大成果是以哈恩为第一作者报道的,迈特纳只是哈恩的"助手"!这个功绩几乎完全记在哈恩头上。

20世纪30年代后期,有部分犹太血统的迈特纳从希特勒统治下的德国逃亡

□著名女化学家莉泽·迈特纳

到荷兰，随身仅仅携带两个小箱子、10马克以及哈恩的母亲送给她"以备急需"的一枚钻戒，她被准许进入挪威。经过多次的商谈，迈特纳终于在斯德哥尔摩的诺贝尔研究所谋到了一个职位，做实验研究。但这里比她在柏林的待遇差得多，她不受老板的欢迎，她的感受是整个地被隔离在科学研究基础设施之外，不能激励起智慧来。不久，她的外甥奥托·罗伯特·弗里施来斯德哥尔摩过圣诞节，发现她正在读哈恩寄来的信，信中描述了用中子作用于铀发现产物具有钡的放射性的惊人事件。她认为，这是因为吸收了中子的铀几乎都分裂成完全相等的两部分（原子核发生分裂），生成原子序数居中的多种元素。于是迈特纳跟弗里施一起对这一实验结果做出了理论解释，并以来信的形式发表在《自然》杂志上，在这篇著名的文章里，迈特纳跟弗里施一起提出了一个新的核反应概念——裂变。在这篇不到两页的小文里，他们描绘了铀裂变的基本图景。后来，迈特纳又用实验验证了裂变。她还弄清了原子核分裂时会放出巨大能量的事实，原子弹的制造就是从这里开始的。

迈特纳一生没有嫁人，过独身生活，但她并非孤僻冷漠。她与许多科学家建立长期良好的关系，是许多科学家及其妻子们的密友。

知识链接

原子弹

原子弹可以说是战争中的终极武器，它的作用原理是核裂变反应。发现这个化学反应的是女化学家莉泽·迈特纳。她的这个发现具有很大的突破性，使人类充分认识了物质内部的反应方式，获得了取得巨大能量的化学方法。

药品中的特种兵——锂

科普档案 ●元素名称:锂　　●性质:质软,是密度最小、最轻的金属,与水的反应剧烈

锂,是一种人们不太熟悉的元素。别看它的模样跟某些金属差不多,但在医学上,锂却是治疗精神病的有效药物成分。

锂,又称锂盐,是一种人们不太熟悉的元素。它是一种柔软的银白色的金属,别看它的模样跟某些金属差不多,但它的作用可是有些与众不同呢。

在医学上,锂是作为一种治疗精神病的药物——碳酸锂服务于医学界的。发现这个用途的是澳大利亚一位名叫卡特的精神病学家。

20世纪40年代中期,卡特发现,从某些英国的水井中取出来的水有助于治疗精神病,经过化验发现,这些井水中恰恰含有锂的化合物。

在寻找癫狂症——精神压抑症病因的过程中,卡特发现,由于甲状腺的过分活化或者过分不活化,则会引起这种精神失调症;在对患者进行临床观察时,卡特曾推测,有一种存在于尿中的物质可能是造成癫狂症和精神压抑症的主要原因。于是他就将某些癫狂病人的尿的试样有控制地注射到猪的腹腔中去,结果发现猪果然中毒了。他猜测这种毒性分子可能就是尿酸。然而当卡特进一步想用尿酸做试验时却碰到了具体的困难,因为尿酸在水中的溶解度低,于是他又考虑用尿酸盐来代替,其中尿酸锂的溶解度比较大。当给试验过的猪注射尿酸锂溶液以后,卡特出乎意料地发

□锂

现这种试验动物中毒性现象大大减低。这就说明锂离子可以抵御尿酸所产生的毒性。于是卡特进一步用碳酸锂代替尿酸锂，试验取得了更好的效果，这便有力地证明了锂盐具有治疗癫狂症和精神压抑症的作用。

20世纪40年代后期，卡特开始把他的成果应用于临床试验，即用碳酸锂来治疗到他那儿就医的、有限的、比较合适的病人。在取得成功的那些病例中，有一个最引人注目的例子。这位患者已经51岁，他处在慢性的癫狂性的兴奋状态足足已有5年。他不肯休息一下，有时还要胡闹和捣乱，经常妨碍别人休息，因而成为被长期监护的对象。但是这位患者经过卡特医生三周的锂化合物的治疗以后，便开始安定下来，并且很快成为恢复期的病人。以后，他又经过一段时间的观察，并继续服用了两个月的锂药剂后，就完全康复了，并且很快地回到了原来的工作岗位。

从卡特的研究取得成功后，一直到今天为止，锂盐已经广泛地被用来治疗精神失调症，虽然锂的作用机理还有待于进一步探讨研究，但是它的治病效果却是肯定可靠的，并且也是非常惊人的。卡特的工作成果是十分宝贵的，因为他仅仅用了一种简单的无机化合物，便能控制住难治的精神失调症。

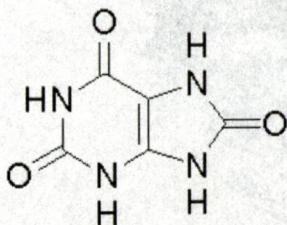

知识链接

尿 酸

尿酸是一种含有碳、氮、氧、氢的杂环化合物，微溶于水，易形成晶体。尿酸是鸟类和爬行类的主要代谢产物，正常人体尿液中产物主要为尿素，含少量尿酸。

X 射线的发现

科普档案 ●化学名称:阴极射线　　●性质:带有负电,总是从阴极出发,终点与阳极无关

　　X 射线的发现标志着现代物理学的产生。X 射线的发现为诸多科学领域提供了一种行之有效的研究手段。X 射线的发现和研究,对 20 世纪以来的物理学乃至整个科学技术的发展产生了巨大而深远的影响。

　　从 19 世纪中叶开始,对气体放电的研究非常盛行。在长玻璃管的两端封入阴、阳两个电极,然后施以高电压,同时用真空把管中的空气抽掉,当空气变得非常稀薄时,管内便闪出淡红色的光,如果进一步把空气抽出,使之几乎变成真空时,淡红色的光消失,而阳极附近的玻璃管壁上则开始闪现出淡绿色的光。

　　19 世纪 50 年代末,德国的尤利乌斯·普吕克发现,某种射线从阴极射向阳极,碰到玻璃管壁便发出淡绿色的荧光。这种射线被取名为阴极射线。许多人积极地进行研究,但总把握不住它的本质。德国的物理学家一般都把阴极射线看成同光一样的电磁波。英国的物理学家坚持认为这是粒子流,后来汤姆生证明它确实是电子流。

　　19 世纪 90 年代中期,德国的菲利普·赖纳特在玻璃上开一个洞,蒙上铝箔,便发现阴极射线穿透铝箔射向外面。透出的阴极射线碰到涂有铂氰化钡的荧光屏时,就会发出亮光,因此,很容易就知道了

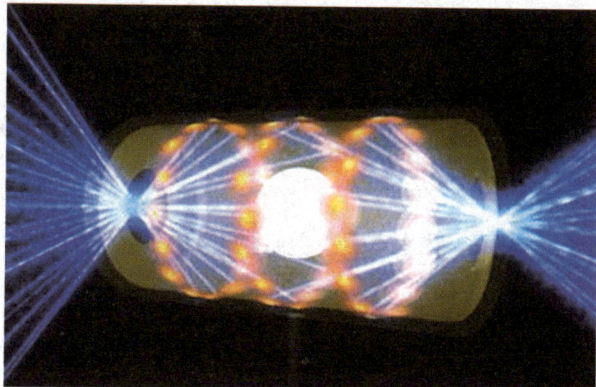

□X射线激光

□威廉·康拉德·伦琴

它的存在。

第二年,德国维尔茨堡大学教授威廉·康拉德·伦琴采用赖纳特的装置研究阴极射线。一天晚上,伦琴为了研究阴极射线的性质,用黑色薄纸板把一个灯管严密地套封起来,并把实验室的百叶窗放下,使室内变得漆黑。在接上高压电流进行实验中,他意外地发现在放电管1米以外的一个荧光屏(涂有荧光物质铂氰化钡的纸屏)上却闪着亮光。切断电源,荧光就立即消失。这个现象使他非常惊奇,于是他全神贯注地重复做实验。他发现即使在离仪器2米处,屏上仍有荧光出现。伦琴确信,这个新奇现象不是阴极射线造成的,因为实验已证明阴极射线只能在空气中穿行几厘米,而且不能透过玻璃管。他决定继续对这个新发现进行全面检验。一连六个星期他都在实验室里废寝忘食地工作着。经过反复实验,他确信发现了一种过去未被人们认知的具有许多特性的新射线。他写的论文中说明了初步发现的 X 射线的如下性质:

(1)阴极射线打在固体表面上便会产生 X 射线;固体元素越重,产生的 X 射线越强。

(2)X 射线是直线传播的,在通过棱镜时不发生反射和折射,不被透镜聚焦。

(3)与阴极射线不同,不能借助磁体(即使磁场很强)使 X 射线发生任何偏转。

(4)X 射线能使荧光物质发出荧光。

(5)它能使照相底片感光,而且很敏感。

(6)X 射线具有很强的贯穿能力,比阴极射线强得多。它可以穿透千页的书,二三厘米厚的木板,几厘米的硬橡皮等。

15 毫米厚的铝板，不太厚的铜板、银板、金板、铂板和铅板的背后，都可以辨别荧光。只有铅等少数物质对它有较强的吸收作用，对 1.5 毫米厚的铅板它实际上不能透过。伦琴在一次检验铅对 X 射线的吸收能力时，意外地看到了他自己拿铅片的手的骨骼轮廓。证明这种光线能够穿透除骨骼以外的人体，并在底片上感光。于是他请他的夫人把手放在用黑纸包严的照相底片上，用 X 射线照射，底片显影后，看到伦琴夫人的手骨像，手指上的结婚戒指也非常清晰，这成了一张有历史意义的照片。

因为在数学上，未知数习惯于用 X 表示，所以，伦琴给这种偶然发现的未知的射线取名为 X 射线，后来科学界称为伦琴射线。

1896 年元旦，伦琴将他的论文和第一批 X 射线照片复制件分送给一些著名物理学家。几天之后，这个发现就传遍了全世界，在公众中引起轰动。其传播之迅速，反应之强烈，在科学史上是罕见的。伦琴由于发现 X 射线，于 1901 年成为第一个诺贝尔物理学奖获得者。

🔖 知识链接

X 射线

X 射线的发现具有十分重大的意义，它是 19 世纪末 20 世纪初发生的物理学革命的开端。它的发现对于化学的发展也有重要意义，以 X 射线晶体衍射现象为基础建立起来的 X 射线晶体学，是现代结构化学的基石之一。

阴天发现的铀射线

科普档案 ●元素名称:铀　●性质:易氧化,能和所有的非金属作用,并与多种金属形成合金

发射铀射线的能力是铀元素的一种特殊性质,是自然产生的,不是任何外界原因造成的(光照、加热、阴极射线激发等都不需要)。铀及其化合物可以终年累月地发出铀射线。

X射线是一种应用很广的特殊射线,许多科学家致力于X射线的研究,法国物理学家安东尼·贝克勒尔就是其中的一个,他在研究X射线的过程中发现了另一物质——铀化合物的射线。

20世纪90年代中期的一天,贝克勒尔挤在人群中,在巴黎参观首次展出的X射线照片展览,他完全被这次展览迷住了。当时,X射线是怎样产生出来的问题,还没有一个明确的结论。有的科学家认为,X射线是产生荧光的玻璃管产生的。贝克勒尔从他父亲那一代起就开始研究荧光,他特别详细地研究了发出荧光的铀的化合物。如果玻璃在发出荧光时放出X射线,那么,其他的荧光物质不是也能放出X射线吗?贝克勒尔这样想,并利用手头的铀化合物致力于发现新的X射线源的研究。他在用黑纸严密包好的感光板上,放上一块铀化合物的结晶体,在旁边放上一枚银币,再在银币上放上另一块结晶体。铀化合物一旦见到阳光就会发出荧光。贝克勒尔把这种准备

□法国物理学家安东尼·贝克勒尔

好的感光板放在有太阳的地方,让阳光长时间照射。之后,再将感光板显影。如他所料,放第一个结晶体的地方明显地感了光,而在放第二个结晶体的地方,清晰地映出了银币的轮廓。的确,铀化合物在放出荧光时也放出了 X 射线。不用说,贝克勒尔是非常高兴的。

就在这一年的一天,他重复做了同一个实验。但是,那一天整天都是阴天。第二天,他又把感光板拿到室外,但仍然是阴沉沉的天。显然,两天里放出的荧光还不及晴天 10 分钟放出的多。他为了等待晴天的到来,把感光板收进了壁橱。但是,其后又过了两天仍然没出太阳。无奈,他把感光板显了影。他想,铀化合物几乎没有发出荧光,当然,发出的 X 射线也不会多,因此,在感光板上,根本不会出现图像,即使能映出也很淡。然而,显影后的感光板上,图像清晰可见,图像和银币的影子同上次实验时照得一样清楚,贝克勒尔大为吃惊。这次实验的结果证明,铀化合物即使不用太阳照射使它发出荧光,也仍然放出 X 射线。为了慎重起见,他和上次一样,准备了放有结晶体和银币的感光板,完全不用阳光照射,把它放入黑黑的壁橱中过了几天。然后将感光板显影,仍然出现了清晰的图像和影子。他进一步研究后发现,铀化合物放出的并不是 X 射线,而完全是另一种射线——铀化合物的射线。

1896 年 5 月 18 日,贝克勒尔宣布:发射铀射线的能力是铀元素的一种特殊性质,与采用哪一种铀化合物无关。铀及其化合物终年累月地发出铀射线,纯铀所产生的铀射线比硫酸铀酰钾强三至四倍。铀射线是自然产生的,不是任何外界原因造成的。

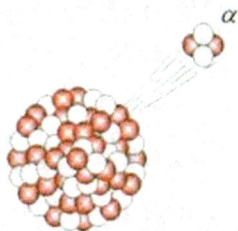

📖 **知识链接**

铀射线

铀射线能穿透过黑纸使照相底片感光,能使空气电离,使验电器放电。但它的穿透能力不如 X 射线,不能穿透肌肉和木板。

睡梦中发现的苯环

科普档案 ●元素名称:苯　●性质:具有强烈的芳香气味,可燃,有毒,难溶于水

　　极富想象力的德国化学家凯库勒在半梦半醒间解决了苯分子的结构问题。伦敦的化学学会指出:苯作为一个封闭链式结构的巧妙构想,对于化学理论发展的影响举世公认。

　　化学上有一个奇特的家族——芳香族化合物,在芳香族的有机物中,最主要的化合物便是苯。最早发现苯的人是英国化学家和物理学家法拉第。他偶然从贮运煤气的桶里所凝集的油状物中,经过分离后得到了一种无色的液体。他测出它的实验式是CH,但他并没有推出它的分子式。大约9年之后,又有人把苯甲酸和石灰放到一起干馏之后,也得到一种碳氢化合物,才给这个化合物取名叫"苯",接着又有人测定出它的分子式是C_6H_6。而解决苯分子结构问题的是极富想象力的德国化学家凯库勒。

　　德国的达姆斯塔特是一个以文化而著称的小城。19世纪20年代末,著名化学家凯库勒在此出生。也许是受到小城浓郁的文化气息的熏陶,在学校时小凯库勒出众的文才就令他的老师和同学们叹为观止。

　　据说有一次,老师在语文课上布置了一道作文题,要求学生们在下课前交卷。全班同学都紧张地在作文纸上埋头写了起来,可凯库勒却若无其事地坐着,甚至抬头悠闲地看着天花板出神。老师见凯库勒不写一字,悠然自得,忍不住用责备的眼光暗示他赶紧动笔。没想到,快下课时,凯库勒居然拿着手中的白纸出口成章地"读"了起来。这篇即兴之作结构精巧、文采飞扬,博得了老师和同学们一阵热烈的掌声。

　　不过,凯库勒没有成为作家。他的父亲为他选择了一个似乎更切合实际的方向,去学建筑。因为在他父亲眼里,建筑师既体面又能赚钱,是儿子

理想的出路。

于是，凯库勒来到德国西部的吉森大学专攻建筑。就是在这里，凯库勒的人生发生了重大的转折。他常听同学们提起大化学家李比希的名字，出于对这位声誉卓著的化学家的尊敬与仰慕，凯库勒决定去听他的课。不料，事情一发不可收拾，从此，凯库勒被李比希的课所吸引，一天比一天强烈地迷恋上化学，以至于他下定决心改修化学。

一次法庭作证使凯库勒对李比希教授更加敬重。原来，当时法院开庭审理轰

□化学家凯库勒

动一时的"赫尔利茨伯爵夫人戒指失窃案"，他们俩同时被传到法庭作证。凯库勒作为证人是因为他家就在伯爵夫人宅邸的对面。他在法庭上描述了伯爵夫人家发生火灾时的情景，而恰好在那天，伯爵夫人的宝石戒指失窃了。后来，在她仆人那儿搜到一枚相同的戒指，可仆人却一口咬定说早在19世纪初这枚戒指就成了他的祖传宝贝。李比希到庭作证，是因为法庭请他对戒指的金属成分进行测定。伯爵夫人的戒指上有两条蛇缠在一起，一条是黄金做的，另一条是白金做的。而仆人却说他的戒指上的白蛇是白银做的。作为化学界权威，李比希在法庭上慎重宣布："经过测定，白蛇是用白金制成的，而不是白银做的。而且，白金用于首饰业是从19世纪20年代左右才开始的，而仆人却称这只戒指早在19世纪初就到了他手中。因此，仆人的谎言不攻自破。"官司因为李比希的证词而得到了合理的判决。教授的渊博学识给凯库勒留下了深刻的印象，他坚定了献身化学的决心。

从19世纪50年代开始，凯库勒在李比希主持的实验室中工作。在名师的悉心指点下，凯库勒受益匪浅。他不仅学到了这位化学大师多样而扎实的研究方法，而且也学到了认真细致、一丝不苟的科学态度。这些为他日后的化学研究打下了坚实的基础。

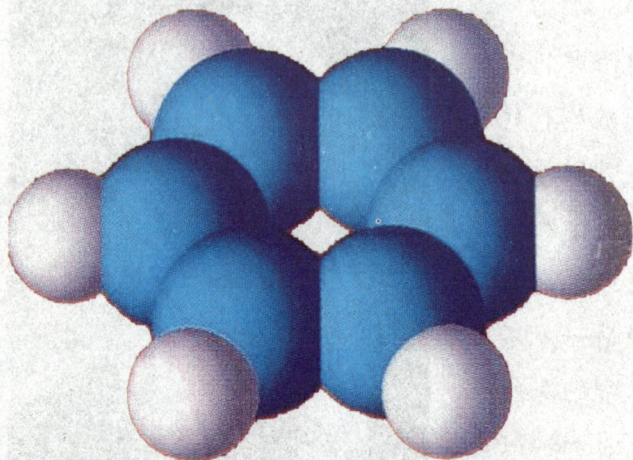

□ 苯的平面结构图

当时,化学家们面临着一个难题,那就是如何理解苯的结构。苯的分子中含有 6 个碳原子和 6 个氢原子,碳的化合价是四价,氢的化合价是一价,那么,1 个碳原子就要和 4 个氢原子化合,6 个碳原子该和 12 个氢原子化合(因为碳原子和碳原子之间还要化合)。而苯怎么会是 6 个碳原子和 6 个氢原子化合呢?化学家们百思不得其解。

这时,凯库勒也着手探索这一难题。他的脑子里始终充满着苯的 6 个碳原子和 6 个氢原子,他经常每天只睡三四个小时,一干起来就不歇手。他在黑板上、地板上、笔记本上、墙壁上画着各种各样的化学结构式,设想过几十种可能的排法,但是,都经不起推敲,被自己否定了。一天晚上,凯库勒坐马车回家。也许是由于连日来用脑过度,他在摇摇晃晃的马车上睡着了。在半梦半醒之间,凯库勒发现碳原子和氢原子在眼前飞动,变幻着各种各样的花样。忽然,原子变成了他和李比希教授出庭作证时伯爵夫人戒指上的那条白蛇,这条蛇扭动着、摇摆着,最后咬住了自己的尾巴,变成了一个环……

"先生,您到家了!"马车夫大声叫醒了睡眠中的凯库勒。他揉揉眼睛,白蛇不见了,环不见了,原子也不见了。原来是"南柯一梦"!清醒过来的凯库勒马上想起苯的结构,对! 它一定像白蛇那样头尾相接,构成环状结构!

凯库勒立即奔向书房,迫不及待地抓起笔在纸上画了起来。一个首尾相接的环状分子结构出现了。

这个环状结构表示的是这个意思:碳原子是四价的,用相连的四个(黑)球来代表一个碳原子;而氢、卤素原子都是一价,就用一个球表示;氧和硫是二价,就用两个(蓝)球表示一个氧原子。碳有四价,像建筑房子一样,下面就得砌上四个一价的氢原子,刚好形成甲烷分子;而水分子是一个氧、两个氢。这就是凯库勒提出的苯的环状结构式。

凯库勒还认为,在有机物中碳原子和碳原子之间可以连接成链。如氯乙烷、乙醛、乙醇等,碳原子的一个球相对,表示碳、碳之间各用去一价(形成单键),还各剩余三价。这些重要的观点标志着近代有机结构理论基础的建立。从此,各种有机物的结构逐渐明朗,它所含的官能团与其性质的关系昭然若揭。这极大地促进了人们在实验室和化工厂大规模地合成有机物。

在纪念苯的结构学说发表25周年时,伦敦的化学学会指出:"苯作为一个封闭链式结构的巧妙构想,对于化学理论发展的影响,对于研究这一类及其相似化合物衍生物的异构现象的内在问题所给予的动力,以及对于像煤焦油染料这样巨大规模的工业的前导,都已为举世公认。"

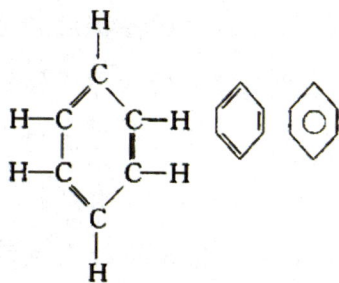

📖**知识链接**

芳香族化合物

历史上曾将一类从植物胶中取得的具有芳香气味的物质称为芳香族化合物。但根据气味分类并不科学,现在是指分子中至少含有一个苯环,具有与开链化合物或脂环烃不同的独特性质(称芳香性,aromaticity)的一类有机化合物。

偶然发现的富勒烯

科普档案 ●化学名称：C_{60}　　　●性质：超导、强磁性、耐高压、抗化学腐蚀

　　碳元素可以形成由 60 个或 70 个碳原子构成的有笼状结构的 C_{60} 和 C_{70} 分子，这一发现是 20 世纪后半叶的重大科学发现之一。

　　1985 年英国萨塞克斯大学的波谱学家 H.W.Kroto 与美国莱斯大学两名教授 R.E.Smalley 和 R.F.Curl 合作研究，发现碳元素可以形成由 60 个或 70 个碳原子构成的有笼状结构的 C_{60} 和 C_{70} 分子，这一发现引起科学界特别是物理学和化学界的强烈反响，成为 20 世纪后半叶的重大科学发现之一。

　　Kroto 是英国萨塞克斯大学的波谱学家，而 Smalley 和 Curl 都是美国莱斯大学的教授。20 世纪 80 年代中期，Kroto 在 Smalley 的两名研究生的帮助下，开始了关于富碳蒸汽中碳链形成的可能性的研究。他们在惰性气体环境下，用高功率的激光照射石墨表面，照射释放出来的由碳原子构成的碎片等离子体被氦气流携带通过末端为一喷嘴的杯形集结区，进入一真空室。在杯形集结区内，碎片离子经气相的热碰撞反应成为新的碳原子簇。这些新生成的碳原子簇随氦气进入真空室，并在那里由于气体的膨胀而被迅速冷却下来。随后，所有产物进入一个与上述实验装置相连接的飞行时

　□钻石也是由碳元素构成的一种形式

间质谱仪。在质谱仪上，所形成的含有不同碳原子个数的原子簇及其丰度可以被检测出来。接着，令人意想不到的事情发生了。研究小组在质谱仪上观察到质量较大的碳原子簇所含的碳原子个数均是偶数，其中分子质量数落在 720 处的质谱峰信号最强，它恰好对应一个由 60 个碳原子组成的分子，另外一个相当于 C_{70} 分子的质谱峰清晰地出现在分子质

□ C_{60} 的分子结构

量数 840 处。通过改变实验条件，他们用 Smalley 的装置产生的 C_{60} 是其他任何碳原子簇的 40 倍。这些实验结果使研究小组确信 C_{60} 可以非常稳定地存在。

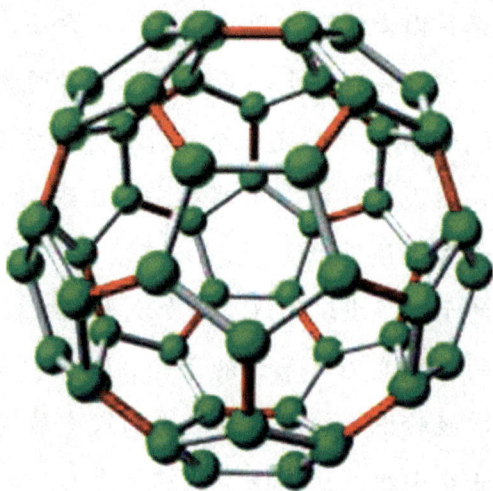

在发现 C_{60} 和 C_{70} 之后，确定它们的分子结构就成了当务之急。在热烈的讨论中，Kroto 联想起十几年前的加拿大蒙特利尔万国博览会中的美国展览馆，它是由五边形和六边形拼接构成的短程线圆顶建筑。Kroto 将这一想法告诉小组其他成员。

Smalley 经过尝试，终于用 20 个正六边形和 12 个正五边形拼成一个 60 个顶点的 C_{60} 分子结构模型。C_{60} 分子就以短程线圆顶结构的设计者巴克明斯特·富勒的名字命名，简称富勒烯。C_{60} 分子结构模型的提出使 C_{60} 研究小组把握住了实验中的意外结果，为整个 C_{60} 的发现过程画上了圆满的句号。

为什么科学实验有着很强的目的性和计划性而实验的结果却常常出现意外和偶然？众所周知，科学研究是人类对未知世界和未知规律的探索。虽然每一次科学探索都是基于已经掌握的知识和规律，并且有着既定的目标和周密的研究计划，但是科学研究中主体的认识水平和客体的未知因素决定了实验结果往往会出乎研究者的意料。C_{60} 发现的偶然性也正是上述

两种因素综合作用的结果。一方面,在 1985 年以前,人类对碳元素单质的认识只停留在金刚石和石墨两种同素异形体上,从这种固有的观念出发,C_{60} 的出现当然是一个意外。另一方面,科学研究中客体的未知因素又导致偶然现象可以在自然状态下出现,也可以在人为干预下出现;可以在无意识的干预下出现,也可以在有意识的干预下出现,而 C_{60} 就是在人们无意识的干预下出现的。C_{60} 的发现再次给我们以启示:把握住这一契机,把无意识的干预变为有意识的干预,认识到"干预"的存在,即发现或找到过去的科学经验中未曾施加过的人为或自然因素,很可能导致科学技术的突破。C_{60} 研究小组最初选择了能够产生 C_{60} 和 C_{70} 的实验条件完全是偶然巧合,因为开始时他们的研究兴趣与 C_{60} 和 C_{70} 无关,而且在实验进行之前,他们根本不知道存在 C_{60} 和 C_{70} 分子,因此 C_{60} 的出现完全出乎意料。正是这种必然性决定了在科学研究中必须遵从"相同实验条件下实验现象可重复"的根本原则。

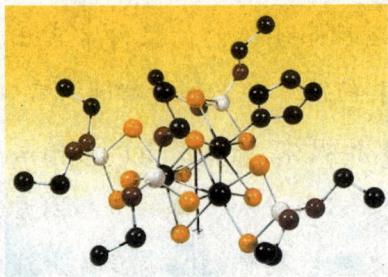

知识链接

原子簇

原子簇化学是当前化学中最饶有兴趣而又极其活跃的领域之一。原子簇是指由原子(或分子)结合在一起的团体结构,它是介于原子(或分子)与固体粒子之间的团粒分子。

零族元素的发现

科普档案 ●元素名称:氦 ●性质:无色、无味,不能燃烧,也不能助燃,难液化

零族元素包括氦、氖、氩、氪、氙和氡六种稀有气体,这六种元素是在 19 世纪 90 年代中后期陆续被发现的。

周期表中零族元素有氦、氖、氩、氪、氙和氡一共六种,它们都是气体。六种稀有气体元素是在 19 世纪 90 年代中后期陆续被发现的。下面我们按元素被发现的先后顺序,分别简介这六种元素被发现的经过。

1.氩(Ar)

早在 1785 年,英国著名科学家卡文迪许在研究空气组成时,发现了一个奇怪现象。当时人们已经知道空气中含有氮、氧、二氧化碳等,卡文迪许把空气中的这些成分除尽后,发现还残留少量气体。这个现象当时并没有引起化学家们的重视,谁也没有想到,就在这少量气体里竟藏着整整一个族的化学元素。

100 多年后,英国物理学家瑞利在研究氮气时发现,从氮的化合物中分离出来的氮气每升重 1.2508 克,而从空气中分离出来的氮气在相同情况下每升重 1.2572 克,这 0.0064 克的微小差别引起了瑞利的注意。他与化学家拉姆塞合作,把空气中的氮气和氧气除去,用光谱分析鉴定剩余气体,终于在 1894 年发现了氩。由于氩和许多试剂都不发生反应,极不活泼,故命名为 Argon。在希腊文中是"懒惰"的意思,中文译为氩,元素符号是 Ar。

2.氦(He)

早在 19 世纪 60 年代末,法国天文学家简森在观察日全食时,就曾在太阳光谱中观察到一条黄线 D3, 这和早已知道的钠光谱的 D1 和 D2 两条

□天文学家简森

线不相同。同时,英国天文学家洛克耶尔也观测到这条黄线 D3。当时天文学家们认为,这条线只有太阳才有,并且还认为是一种金属元素。所以洛克耶尔把这个元素取名为 Helium。这个词是由两个字拼起来的,helio 在希腊文中是太阳神的意思,后缀 ium 指的是金属元素。

19 世纪 90 年代中期,拉姆塞和另一位英国化学家特拉弗斯合作,在用硫酸处理沥青铀矿时,产生一种不活泼的半导体,用光谱鉴定为氦,并证实了氦元素也是一种稀有气体。这种元素在地球上也有,并且是非金属元素。

3.氪(Kr)、氖(Ne)、氙(Xe)

由于氦和氩的性质非常相近,而且它们与周期系中已被发现的其他元素在性质上有很大差异,因此拉姆塞根据周期系的规律性,推测氦和氩可能是另一族元素,并且它们之间一定有一个与其性质相似的家族。果然,1898 年的一次试验中,拉姆塞和特拉弗斯在大量液态空气蒸发后的残余物中,用光谱分析首先发现了比氩重的氪,他们把它命名为 Krypton,即"隐藏"之意,因为它是隐藏于空气中多年才被发现的。

拉姆塞和特拉弗斯在蒸发液态氩时收集了最先逸出的气体,用光谱分析发现了比氩轻的氖。他们把它命名为 Neon,这一词源自希腊词 neos,意为"新的",即从空气中发现的新气体。中文译名为氖,也就是现在霓虹灯里的气体。

不久,拉姆塞和特拉弗斯在分馏液态空气制得了氪和氖后,又把氪反复地分次萃取,从其中又分出一种质量比氪更重的新气体,他们把它命名为 Xenon,源自希腊文 Xenos,意为"陌生的",即人们所生疏的气体。中文译名为氙。它在空气中的含量极少,仅占总体积的一亿分之八。

4.氡（Rn）

氡是一种具有天然放射性的稀有气体，它是镭、钍和锕等放射性元素蜕变过程中的产物，因此，只有这些元素被发现后才有可能发现氡。

1899年，英国物理学家欧文斯和卢瑟福在研究钍的放射性时发现钍射气，即氡-220。1900年，德国人道恩在研究镭的放射性时发现镭射气，即氡-219。直到1908年，莱姆赛确定镭射气是一种新元素，和已发现的其他稀有气体一样，它是一种化学惰性的稀有气体元素。其他两种气体，是它的同位素。在1923年国际化学会议上命名这种新元素为Radon，中文音译成氡。

至此，氦、氖、氩、氪、氙、氡六种稀有气体作为一族全被发现了。它们占元素周期表零族的位置。这个位置相当特殊，在它前面的是电负性最强的非金属元素，在它后面的是电负性最小的最强金属元素，而其本身则是电离最大的一族元素。由于这六种气体元素的化学惰性，因此很久以来它们被称为"惰性气体元素"，直到Xe被氧化后，"惰性气体"也随之改名为"稀有气体"。

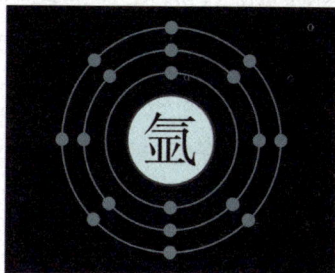

📖知识链接

零族元素

在化学元素周期表中，有一类特殊的气体元素——零族元素，即氦、氖、氩、氪、氙和氡六种。这些元素是不同的化学家在不同的时间地点发现的，是科学家们共同努力的结晶。

溴的发现

科普档案 ●元素名称:溴　　●性质:有挥发性、腐蚀性,有毒,与钾反应会发生爆炸

　　法国化学家巴拉尔首先发现了溴,德国海德堡大学学生罗威比巴拉尔晚一年,也独立发现了溴。

　　溴首先是由法国化学家巴拉尔发现的。巴拉尔出生于19世纪初的法国蒙彼利埃。他出生于一个普通的家庭,父母整天忙于制酒。巴拉尔的教母发现他很聪明,一心要培养他成才。巴拉尔17岁时毕业于蒙彼利埃中学,接着升入药物学院学习药物学,24岁时获医学博士学位。

　　还在他当学生的时候,22岁的巴拉尔在研究盐湖中植物的时候,将从大西洋和地中海沿岸采集到的黑角菜燃烧成灰,然后用浸泡的方法得到一种灰黑色的浸取液。他往浸取液中加入氯水和淀粉,溶液即分为两层:下层显蓝色,这是由于淀粉与溶液中的碘生成了加合物;上层显棕黄色,这是一种以前没有见过的现象。

　　这种棕黄色的是什么物质呢?巴拉尔认为可能有两种情况:一是氯与溶液中的碘形成了新的化合物——氯化碘;二是氯把溶液中的新元素置换出来了。于是巴拉尔想了些办法,先试图把新的化合物分开,但都没有成功。巴拉尔分析这可能不是氯化碘,而是一种与氯、碘相似的新元素。

　　他用乙醚将棕黄色的物质经萃取

□法国化学家巴拉尔雕像

和分液提出，再加苛性钾，则棕黄色褪掉，加热蒸干溶液，剩下的物质像氯化钾一样。把剩下的物质与浓硫酸、二氧化锰共热，就会产生红棕色有恶臭的气体，冷凝后变为深红棕色液体。巴拉尔判断这是与氯和碘相似的、在室温下呈液态的一种新元素。

□德国海德堡大学

法国科学院审查了巴拉尔的新发现，由三位法国化学家孚克劳、泰纳、盖·吕萨克共同审查。他们签署的意见这样写道："溴的发现在化学上实为一种重要的收获，它给巴拉尔在科学事业上一个光荣的地位。我们认为这位青年化学家完全值得受到科学院的鼓励。"但他们不赞成巴拉尔对溴的命名，把它改称为 bromine，含义是恶臭。

另外在 1825 年，德国海德堡大学学生罗威，往家乡克罗次纳克的一种盐泉水中通入氯气时，发现溶液变为红棕色。他把这种红棕色物质用乙醚萃取提出，再将乙醚小心蒸发，得到了红棕色的液溴。所以说罗威也独立地发现了溴，虽然比巴拉尔晚了一年。

📖 **知识链接**

乙 醚

无色透明液体，有特殊刺激气味，带甜味，极易挥发，其蒸汽重于空气。在空气的作用下能氧化成过氧化物、醛和乙酸，暴露于光线下能促进其氧化。当乙醚中含有过氧化物时，在蒸发后所分离残留的过氧化物加热到 100℃以上时能引起强烈爆炸；与无水硝酸、浓硫酸和浓硝酸的混合物反应也会发生猛烈爆炸。

X 射线晶体学的诞生

科普档案 ●**化学名称**:X 射线　　　●**性质**:波长短,频率高,穿透本领强,能产生干涉、衍射现象

> 自 1895 年 X 射线被发现以后，人们通过实验研究逐步探明了它的很多性质。20 世纪初，劳厄详细研究了光波通过光栅的衍射理论，从此，化学产生了一个新的分支——X 射线晶体学。

自 1895 年 X 射线被发现以后，人们通过实验研究逐步探明了它的很多性质。但在十几年内对于它的本质是什么,是电磁波还是粒子流,物理学家们一直争议不休。20 世纪初,劳厄详细研究了光波通过光栅的衍射理论;厄瓦尔则以可见光通过晶体的行为作为他博士论文的研究课题。一天,厄瓦尔把论文拿去向劳厄请教。

这时,准确测定阿佛伽德罗常数的问题不久前已经得到解决。根据已知的原子量、分子量、阿佛伽德罗常数和晶体的密度等,可以估计出晶体中一个原子或分子所占空间的体积及粒子间的距离。当劳厄发现 X 射线的波长和晶体中原子间距二者数量级相同之后,他产生了一个非常重要的思想:如果 X 射线确实是一种电磁波,如果晶体确实如几何晶体学所揭示的具有空间点阵结构,那么,正如可见光通过光栅时要发生衍射现象一样,X 射线通过晶体时也将发生衍射现

□劳　厄

象,晶体可作为射线的天然的立体衍射光栅。于是,弗里德里希和克尼平就以五水合硫酸铜晶体为光栅进行了劳厄推测的衍射实验。经过多次失败,终于得到了第一张X射线衍射图,初步证实了劳厄的预见,于1912年5月4日宣布他们实验成功。

接着劳厄等人又以硫化锌、铜、氯化钠、黄铁矿、萤石和氧化亚铜等立方晶体进行实验,都得到了衍射图。于是,晶体X射线衍射效应被发现了。这一重大发现一举解决了三大问题,开辟了两个重要研究领域。第一,它证实了X射线是一种波长很短的电磁波,可以利用晶体来研究X射线的性质,从而建立了X射线光谱学;并且对原子结构理论的发展也起了有力的推动作用。第二,它雄辩地证实了几何晶体学提出的空间点阵假说,晶体内部的原子、离子、分子等确实是做规则的周期性排列,使这一假说发展为科学理论。第三,它使人们可利用X射线晶体衍射效应来研究晶体的结构,根据衍射方向可确定晶胞的形式和大小,根据衍射强度可确定晶胞的内容(原子、离子、分子的分布位置),这就导致了一种在原子—分子水平上研究化学物质结构的重要实验方法——X射线结构分析(即X射线晶体学)的诞生。

在上述劳厄发现的基础上,英国人布拉格父子以及莫斯莱和达尔文为X射线晶体结构分析的建立做了大量工作。从此,化学产生了一个新的分支——X射线晶体学。

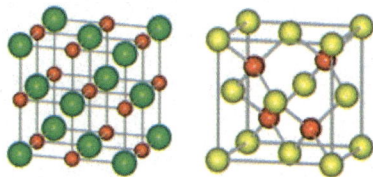

📖知识链接

X射线晶体结构分析方法

应用X射线晶体结构分析方法于化学物质的结构研究,使现代结晶化学迅速兴起,它对有机结晶化学的发展,对蛋白质、核酸等生物高分子结构的研究,都起了巨大作用。

铷和铯的发现

科普档案 ●元素名称：铷　　　　●性质：与水作用能发生爆炸，有敏锐的光电性能

　　19世纪60年代左右，化学家本生和基尔霍夫制造了第一台光谱分析仪。通过分析吸收光谱，他们发现了地壳中含量非常少的新元素铷和铯。

　　19世纪60年代左右，化学家本生和基尔霍夫开始共同探索通过辨别焰色进行化学分析的方法。他们决定制造一架能辨别光谱的仪器。于是，他们把一架直筒望远镜和三棱镜连在一起，设法让光线通过狭缝进入三棱镜分光，这就是第一台光谱分析仪。

　　"光谱仪"安装好后，他们就开始合作，系统地分析各种物质。本生在接物镜一边灼烧各种化学物质，基尔霍夫在接目镜上边进行观察、鉴别和记录。他们发现用这种方法可以准确地鉴别出各种物质的成分。

　　本生认为，分析吸收光谱不仅能够测定天体物质和地球上的物质的化学组成，还可以用来发现地壳中含量非常少的新元素。于是，本生和基尔霍夫取来了狄克汤姆的矿泉水，将它浓缩后，再除去其中的钙、锶、镁、锂的盐，制成的母液用来进行光谱分析。当他们将一滴试液滴在本生灯的火焰上，除了在分光镜中看到了钠、钾、锂的光谱线之外，还能看到两条显著的蓝线，他们进行查对，发现在当时已知

□化学家本生

元素中,没有一种元素能在光谱的这一部分显现出这两条蓝色,因此他们确定试液中含有一种新元素,它属于碱金属。他们把它命名为铯(即指它的光谱像天空的蓝色)。

为了获得可供分析用的含铯的试液,他们要处理几吨的矿泉水。发现铯的这天是1860年5月10日。

一年后的一天,本生和基尔霍夫将处理云母矿所得的溶液,加入少量氯化铂,即产生大量沉淀,在分光镜上鉴定这种沉淀时,只看见钾的谱线。后来,他们用沸水洗涤这种沉淀,每洗一次,就用分光镜检验一遍。他

□化学家基尔霍夫和本生

们发现,随着洗涤次数的增加,从分光镜中观察到的钾的光谱线逐渐变弱,最后终于消失,同时又出现了另外两条深紫色的光谱线,它们逐渐加深,最后变得格外鲜明,出现了几条深红色的新谱线,它们不属于任何已知元素。这又是一种新的元素,因为它能发射强烈的深红色谱线,就命名为铷。

1862年,本生加热碳酸铷和焦炭的混合物,制得了金属铷。

📖**知识链接**

光谱仪

光谱仪,又称分光仪。以光电倍增管等光探测器在不同波长位置,测量谱线强度的装置。其构造由一个入射狭缝,一个色散系统,一个成像系统和一个或多个出射狭缝组成。以色散元件将辐射源的电磁辐射分离出所需要的波长或波长区域,并在选定的波长上(或扫描某一波段)进行强度测定。分为单色仪和多色仪两种。

铁的出现与利用

科普档案 ●元素名称:铁　　　●性质：质软,延展性好,传导性好,容易氧化生锈

一些古语中，铁被称为"天降之火"，埃及人把铁叫作"天石"。可见人们最早认识的铁是从陨石开始的。

在远古时代，第一块落到人类手中的铁可能不是来自于地球，而是来自宇宙空间，因为在一些古语中，铁被称为"天降之火"。埃及人把铁叫作"天石"。可见人们最早认识的铁是从陨石开始的。

19世纪90年代初，在美国亚利桑那州的沙漠中发现了一个巨大的陨石坑，坑的直径有1200米，深度有175米。估计这块亚利桑那州陨石有几万吨重。有人试图想让这个"天外来客"为他们赢利，甚至成立股票公司，然而最后却以公司的关闭而告终。

19世纪90年代中期，美国探险家在丹麦格陵兰的冰层中发现了一块重33吨重的铁陨石。这块陨石历尽千辛万苦被送到纽约，至今仍然保存在那里。

"天外来客"毕竟有限，因此在冶金业发展之前，用陨铁制作的器具相当的珍贵。也因此，铁在地球上的出现与使用，最初带有神秘与高贵的色彩。只有最富有的贵族才能买得起耐磨的铁制装饰品。在公元前1600~公元前1200年就发现了

□铁陨石

一件用来配青铜剑身的铁剑柄，显然，这是作为一种贵重的装饰金属物。在古罗马，甚至结婚戒指一度是铁制而不是金制。在18世纪探险家航行中甚至有过这样的经历，他们用一枚生锈的铁，可以换一头猪，用几把破刀，就可换足够全体船员食用好几天的鱼。因为他们遇见的波利尼亚西土著人对铁的渴望超过了其他。锻造业也一直被认为是最体面的行业之一。

19世纪80年代末，由杰出的法国工程师埃菲尔设计的一座宏伟的铁塔建筑物在巴黎

□埃菲尔铁塔

落成。许多人认为，这座高300米的铁塔不会持久，埃菲尔却坚持说它至少可以矗立四分之一个世纪。到现在整整80年过去了，埃菲尔铁塔仍然高高屹立在巴黎，吸引着成千上万的游客，成为法国的骄傲。

20世纪50年代末，在比利时首都布鲁塞尔世界工业博览会上，一座让人过目难忘的大楼矗立起来，这座建筑物由9个巨大的金属球组成，每个球的直径为18米，8个球处于立方体的每个角顶，第9个球处于立方体中心，这正是一个放大了上千亿倍的铁晶体点阵模型，它叫阿托米姆，也是人类不可缺少的朋友——铁的象征。

📖 知识链接

铁

　　铁是最常用的金属，是地壳含量第二高的金属元素。中国是最早发现和掌握炼铁技术的国家。1973年在中国河北省出土了一件商代铁刃——青铜钺，表明中国劳动人民早在3300多年以前就认识了铁，熟悉了铁的锻造性能，识别了铁与青铜在性质上的差别，把铁铸在铜兵器的刃部，加强铜的坚韧性。人体中也含有铁。另外，铁还常被用做姓氏等。

肉桂酸结构式的发现

科普档案 ●元素名称:肉桂酸　　●性质:微有桂皮香气,易溶于苯、乙醚、油类等,微溶于水

　　在凯库勒发现苯环结构之前,奥地利中学教师约瑟夫·劳施密特早在18世纪60年代初就已经得知苯环的结构了。劳施密特用这样的结构式画了许许多多有机物的正确的结构式,肉桂酸就是其中之一。

　　1995年,奥地利发行了一张邮票,中间是一帧画像,画像上方写着:纪念约瑟夫·劳施密特逝世100周年,这说明画中人是劳施密特;邮票的左下角画着一个用试管夹夹持的装有深色溶液的试管,这表明,这位劳施密特是位化学家;令人感兴趣的是,邮票的右下角画着许多连环套似的大大小小的圆圈。这些连环套是什么?

　　原来,这是劳施密特画的肉桂酸的结构式。肉桂酸,是樟属肉桂的树皮里的一种芳香物质——肉桂的衍生物,肉桂是人们很早就用于烹调的香料。用现代的结构式来翻译劳施密特的结构式,肉桂酸就是如下图。这正是人们现在知道的肉桂酸的结构式!这个结构式里有一个大圈,这就是苯环。如果你知道这个结构式是在凯库勒发现苯的结构之前给出的,你就不得不为之惊叹!原来,在伟大的凯库勒发现苯环结构之前,他,约瑟夫·劳施密特,一个不知名的奥地利中学教师早在18世纪60年代初就已经得知苯环

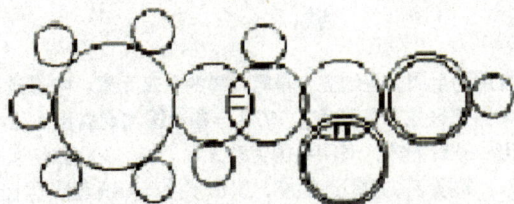

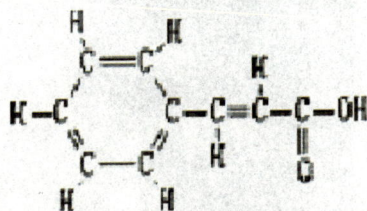

□肉桂酸的结构式

的结构了。后来人们在劳施密特写的《化学研究第一卷》里看到，劳施密特用这样的结构式画了许许多多有机物的正确的结构式，其中不乏含苯环的，肉桂酸只是其中之一。

劳施密特不仅对有机化学的发展做出了杰出的贡献，还应当提到的是，正是他，第一个测定了阿佛伽德罗常数。因此，没有哪一位欧洲的中学生不把阿佛伽德罗常数叫作劳施密特常数的，而且这个物理量的符号，在欧洲多是用劳施密特的第一个字母 L 表示的。

□劳施密特

知识链接

肉 桂

肉桂，亦称中国肉桂，樟科植物。树皮芳香，可作香料，味与产自斯里兰卡肉桂的桂皮相似，但较辣，不及桂皮鲜美，且较桂皮厚。

烈火金刚钨

科普档案 ●元素名称:钨　　●性质:硬度高,熔点高,常温下不受空气侵蚀,蒸发速度较慢

自从 1879 年爱迪生发明了灯泡以来，金属钨便大显神通。白炽灯、碘钨灯和真空管中的灯丝，都是用钨丝做成的。因为钨是熔点最高的金属，因此素有"烈火金刚"之美称。

钨，化学周期系第Ⅵ类副族元素，原子序数 74。自从 1879 年爱迪生发明了灯泡以来，金属钨便大显神通。白炽灯、碘钨灯和真空管中的灯丝，都是用钨丝做成的。因为钨是熔点最高的金属，它的熔点高达 3410℃，当白炽灯点亮的时候，灯丝的温度高达 3000℃以上，因此它素有"烈火金刚"之美称。

钨最初是从瑞典出产的一种当时称为"重石"(它的主要成分就是钨酸钙，是含钨的重要矿石，称为白钨矿)的白色矿石中发现的。18 世纪 80 年代瑞典化学家舍勒把这种矿石进行分析，证明其中含有石灰和另一种特殊的固体物质，舍勒称为钨酸，并且认为，将钨酸还原，有获得一种新金属的可能。

不久，西班牙的两位化学家德鲁亚尔兄弟从瑞典的一种黑褐色的矿石中，也得到了已被舍勒所发现的钨酸。这是一种黑褐色的金属颗粒，用手指一碾就成了粉末，在放大镜中观察，是一些有金属光泽的颗粒，这便是金属钨。舍勒给这种新金属取名为"tungsten"(钨)，命名取意"重石"，拉丁语名源于"Woulfe"，取符号为 W。

19 世纪末到 20 世纪初，钨作为钢的添加剂用于冶金工业，以后又用钨作为灯泡的灯丝，具有延展性的钨材料制备新方法的诞生，以及碳化钨硬质合金的使用，使它的应用范围扩大了，特别是在 20 世纪 60 年代航空和宇航等尖端科学技术的发展中，它就显得格外重要了。

钨的最重要用途之一就是用它制备具有超硬性能的硬质合金。在现今的工业中到处可见使用硬质合金的例子，如硬质合金是重要的模具材料，用它作热压模、冷拉模，其耐磨性能最佳，可提高寿命20~200倍；硬质合金还大量用于耐磨制件上，如采矿工业用的采掘设备、石油勘探用的钻头、冷轧箔材的轧辊等。

□金属钨

金属钨第二个重要的用途是作为钢和有色金属合金的添加剂。钢中含有钨时可使钢回火稳定性、红硬性和抗腐蚀能力大大增加，现在工业上生产的性能优异的合金工具钢、高速工具钢、热锻模具钢、结构钢、弹簧钢、耐热钢和磁钢等都添加了钨等。有统计报道，钨产量的20%以上是用于这方面的。钨的另一重要用途，也就是在火箭、导弹、返回式宇宙飞船以及原子能反应堆等尖端科学上的重要应用。这是由于钨具有优异的物理、机械、抗腐蚀和核性能的原因。钨主要用来制造不需要冷却的各种类型火箭发动机喉衬；用渗银钨做成喷管可经受3100℃以上的高温，用于多种类型的导弹和飞行器；用钨纤维复合材料制作的火箭喷管能耐3500℃或更高温度。在化工工业中可作耐腐蚀设备和部件，可作润滑剂、颜料和各种反应的催化剂。化学世界总是那么神奇和美妙，任谁也想不到小小的"钨"的作用竟然这么大，能应用到很多的领域，难怪人们称它为"烈火金刚"。

📙知识链接

钨 酸

黄色粉末，微溶于热水，溶于碱、氢氟酸和氨水，几乎不溶于酸。沸点1473℃，加热至100℃时失去1分子水变成钨酸酐。主要用于制金属钨、钨丝、硬质合金、钨酸盐类；也可用作印染助剂。已知的钨酸有黄钨酸、白钨酸、偏钨酸等，都是由三氧化钨 WO_3 相互组合后，与水以不同比值、不同形式结合而成的多聚化合物。

金属锡的特性与用途

科普档案 ●元素名称:锡　　●性质:质软,富延展性,熔点低,不会被空气氧化

金属锡怕冷又怕热,尽管有许多怪特性,但它在日常生活和工业、农业生产中很有用。现在世界上每年生产的锡,将近一半用来制造马口铁片,而马口铁片最大的用途是制造罐头。

一百多年以前,俄国圣彼得堡的军装仓库,发生了一件奇怪的案件:军服上的锡纽扣,几天间忽然像得了什么传染病似的,全部都布满了黑斑。这黑斑不断扩大,没多久,一个个纽扣全变成灰色的粉末。"这是谁在捣蛋?"沙皇知道了这件事后大发雷霆,勒令一定要把"罪魁"找出来。不久,"罪魁"被化学家们找到了。原来这是寒冷天气搞的鬼。

锡非常怕冷。在通常温度下,白锡的晶体是稳定的,白锡是由一些四方晶系的锡晶体组成的。如果温度降得很低,锡晶体中的原子就会重新排列,从四方晶系向立方晶系转化,这时它的体积变大,整块的白锡就变成了粉末状的灰锡。人们常称锡的这种变化为"锡疫"。"锡疫"的速度与温度关系很大,即使在零度以下的冬天,你家的锡壶照样可以使用,这是因为从白

□圣彼得堡

锡到灰锡的转化很慢，以至于我们观察不到，但当温度降到零下四十度以下时，白锡到灰锡的转化很快，一块白锡一会儿就变成一堆灰粉。另外这种"锡疫"是会"传染"的，如果你把患有"锡疫"的锡器与"健康"的锡器相接触，"健康"的锡器也会很快染上"锡疫"。因为少量灰锡的存在，可以大大加快白锡到灰锡的转变过程。

□锡

锡也非常怕热。当温度升高到160度以上时，白锡又会转变为斜方晶系的菱形锡，菱形锡很脆，所以又称脆锡。

尽管锡这种金属有许多怪特性，但它在日常生活和工业、农业生产中很有用。例如，锡被人们称为"制造罐头"的金属。现在世界上每年生产的锡，将近一半用来制造马口铁片，而马口铁片最大的用途是制造罐头。铁皮容易生锈，最后出现了用马口铁做的罐头。

📖知识链接

锡

锡是一种略带蓝色的白色光泽的低熔点金属元素，在化合物内是二价或四价，不会被空气氧化，主要以二氧化物（锡石）和各种硫化物（如硫锡石）的形式存在。锡是大名鼎鼎的"五金"——金、银、铜、铁、锡之一。早在远古时代，人们便发现并使用锡了。在我国的一些古墓中，常发掘到一些锡壶、锡烛台之类锡器。

奇妙的矿物质元素

科普档案 ●元素名称：钙、铁、锌、镁　　●性质：不能合成，必须从食物和水中摄取

矿物质是人生理上不可缺少的化学元素。人体所需的矿物质有15种之多，包括钙、铁、锌、镁、钾等，有人称颂矿物质化学元素是生命的源泉，一点也不过分。

许久以前，有个蒙古族奴隶，受王爷之命去狩猎。随着弓弦响声，一头梅花鹿应声中箭。受了伤的梅花鹿，奋力跃进一处泉水里，挣扎着游上彼岸，竟像没事似的，一溜烟逃得不见踪影。凶残的王爷，硬说奴隶故意放走了梅花鹿，就打断了他的双腿，这个奴隶拖着断腿在草原上爬行，他找到了那处泉水，头无力地垂下，浸在水里，本能地吮吸着甘甜的泉水。奇迹出现了，他觉得伤口不那么痛了，一会儿便坐了起来，他用泉水洗涤伤口，几天后，断腿居然接好。这是在内蒙古大草原上广泛流传的阿尔山宝泉的故事。

这虽然是一种神奇的传说，但现代化学家们发现矿泉水中溶解了大量的矿物质元素，对多种疾病是有特殊疗效的。现代医学研究表明，生理上不可缺少的矿物质化学元素，有15种之多。钙能强筋壮骨，调适心跳频率、血凝速度和神经传导等；还可消除紧张，防止失眠。缺钙的人，骨骼易折。

人体血液中，起输氧作用的血红素，就是一种含铁的物质。缺铁会引起贫血，使人气短、晕眩、倦怠，精力无法集中，影响工作和学习。芹菜等蔬菜、鸡蛋以及动物的肝脏里，都含有大量的铁，但这还远远不够，还必须口服一些维生素E，作为补充。

锌还能防止动脉硬化、皮肤疾病。缺锌可引起侏儒症、皮肤病等；癌症的成因，也与缺锌有关。应多吃一些富锌的食品，如海味、豆类、动物肝脏等。每天还可吃15至30毫克的硫酸锌或葡萄糖锌，以补偿人体发育

□阿尔山宝泉

之不足。

钠、钾的作用，早为人们所熟知；氟可促进血红蛋白的形成，可使钙在骨骼和牙齿中积聚；碘可防治甲状腺肿；镁能使肌肉富有弹性；铬、硒等稀有元素，可使人长寿……

人们为什么能生命不息？是矿物质化学元素的功劳。有人称颂矿物质化学元素是生命的源泉，一点也不过分。

🔶 知识链接

矿物质

矿物质是人体内无机物的总称，也是地壳中自然存在的化合物或天然元素。矿物质和维生素一样，是人体必需的元素，矿物质无法自身产生、合成，每天矿物质的摄取量是基本确定的，但随年龄、性别、身体状况、环境、工作状况等因素有所不同。

讨厌的硬水

科普档案 ●元素名称:碳酸钙　●性质:呈碱性,在水中几乎不溶,在含二氧化碳的水中微溶

硬水中的碳酸氢钙加热后分解变成碳酸钙,沉淀后的碳酸钙传热本领极差,如果传热不均匀,当温度足够高时,就会引起爆炸。

19世纪20年代的一天下午,一列火车正以较快的速度向维利亚小镇驶去,突然间,火车头发生爆炸,车厢飞出铁轨,致使数千人死亡。当地警方组织了一个庞大的调查团,以便快速捉拿这起重大死亡案件的真凶。一个月过去了,毫无结果,这时他们想到请化学家来帮忙。在爆炸现场,化学工作者们发现了爆炸的锅炉碎片,且上面有厚厚一层坚硬的固体。化验后确认为钙、镁等离子的碳酸盐。经多方分析论证,化学家们肯定这次事故是由锅炉里的锅垢引起的。

□石灰石

在大自然中,水里总是含有一些溶解了的二氧化碳。当水流经石灰岩上面的时候,水中的二氧化碳和石灰石等作用变成了碳酸氢钙,而这种物质是易溶于水的,便被水带走了。这种含有碳酸氢钙、碳酸氢镁的天然水称为暂时硬水。烧水的时候,温度升高了,原先溶解在水中的碳酸氢钙分解变成碳酸钙,沉淀后留在锅炉里,就形成了锅垢。这锅垢的害处很大:锅垢的传热本领极差,使大量的热能浪费掉;锅垢传热不均匀,当温度足够高时,就会引起爆炸。

□硬脂酸钙

现在,工厂里总是用各种方法来软化这种含有碳酸氢钙的硬水。软化硬水的常用方法是往水里加纯碱碳酸钠,因为碳酸钠能与碳酸氢钙反应,生成碳酸钙沉淀,过滤除掉沉淀后,水中碳酸氢钙的含量就很少了。

硬水不但在工业上有害,甚至还妨碍你洗衣服哩。你遇到过这样的事儿吗?本来该洗的衣服不算太脏,但是,擦肥皂一洗,水面上却满是白花花的脏东西,这又是硬水干的坏事儿:肥皂的化学成分是硬脂酸钠,它能和硬水中的碳酸氢钙反应,生成白花花的沉淀物——硬脂酸钙。在家里最便当的软化硬水的方法,是把水煮一下,去掉碳酸氢钙。

🔖 **知识链接**

碳酸钙

碳酸钙是一种无机化合物,是石灰石和方解石的主要成分。呈白色粉末状或无色结晶,无味。有两种结晶,一种是正交晶体文石,一种是六方菱面晶体方解石。在约825℃时分解为氧化钙和二氧化碳。溶于稀酸,几乎不溶于水。

化学元素新用

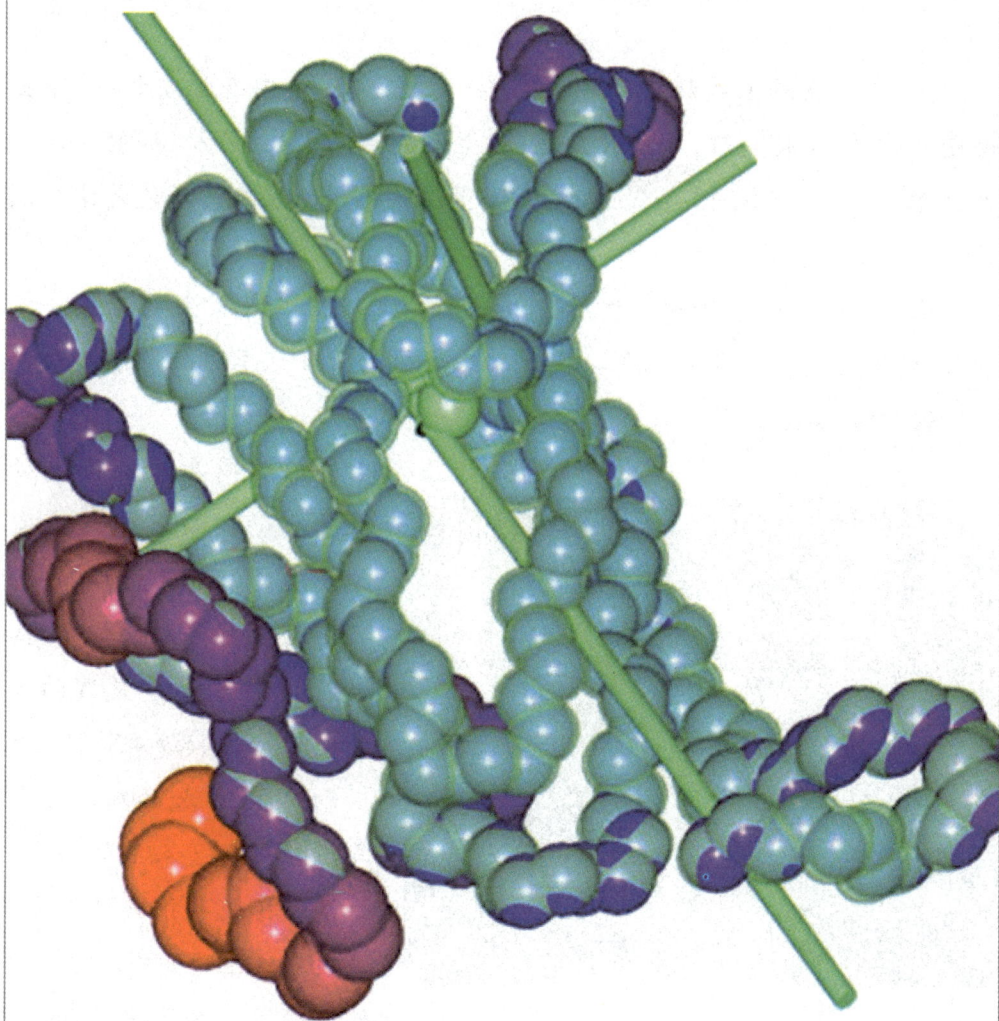

火炉上的重大发明

科普档案 ●元素名称:硫黄　　●性质:有臭味,不溶于水,微溶于乙醇、醚,易溶于二硫化碳

研究橡胶入迷的查尔斯·古德伊尔通过反复实验和研究,确立了橡胶加硫的制造法。这为后来整个橡胶工业的发展奠定了基础。

"如果你在路上看到头戴胶皮帽,身披胶皮风衣,内着胶皮背心,下穿胶皮裤子,脚登胶皮鞋,手拎胶皮钱包(里面没有一文钱)的人,那他一定是古德伊尔。"19世纪40年代前后,美国康涅狄格州新黑文的居民是这样嘲笑古德伊尔的。

确实,查尔斯·古德伊尔对橡胶入迷了。他一生都很贫穷,生活困苦不堪,因还不起借债而几次坐牢。但他却终生热衷于研究橡胶的制法和改良质量的方法,从未间断过。

□橡胶树

橡胶是生长在南美的橡胶树的树液收集起来凝结而成的。刚开始时,橡胶只是用来做橡皮。但是,19世纪20年代初,美国的麦金托什把橡胶涂在布上,做成雨布后,橡胶的水密性和气密性引起了人们的注意。但是,橡胶有很大的缺点,夏天在高温下溶化,黏糊糊的,而冬天却又硬邦邦的。

要使橡胶实用化，首先必须克服这种缺点。古德伊尔从 19 世纪 30 年代左右，便开始研究改良橡胶的质量问题。他想出了一种办法，即把氧化镁掺入橡胶，然后用石灰水煮，使橡胶表面光滑，但这种办法未能实际应用。接着，他发现了用硝酸煮橡胶，可以消除其黏性的方法。他在纽约成立了公司，用这种橡胶制造台布和围裙等，但在之后的金融恐慌中破产了。

19 世纪 30 年代后期，古德伊尔回到他的故乡新黑文，认识了纳撒尼尔·海沃德。海沃德想出了在橡胶表面撒上硫黄粉末，然后拿到太阳底下晒，以改变橡胶质量的方法，获得了专利。古德伊尔买下了他的专利权，合资生产政府征购的橡胶邮袋，但又失败了。

有一次，他把橡胶、硫黄和松节油精掺在一起用坩埚煮。他手里捏着坩埚耳和朋友谈话，谈着谈着，忘记了手里的坩埚，一打手势，橡胶块从坩埚里飞了出来，落在烧得通红的炉子上。若是普通的橡胶，遇热就会熔化流下来，然而这块橡胶却没有熔化，逐渐烧焦了。古德伊尔的脑海里立刻闪现出一个念头，在橡胶里加进适当的硫黄，用适当的时间进行适当的加热，就一定能得到不发黏的胶皮。他又反复进行实验和研究，终于确立了橡胶加硫的制造法。这形成了后来整个橡胶工业发展的基础。

📙 知识链接

硫 黄

硫黄别名硫、胶体硫、硫黄块。外观为淡黄色脆性结晶或粉末，有特殊臭味。熔点为 119℃，沸点为 444.6℃，相对密度为 2.0。硫黄不溶于水，微溶于乙醇、醚，易溶于二硫化碳。作为易燃固体，硫黄主要用于制造染料、农药、火柴、火药、橡胶、人造丝等。

卤水点豆腐的秘密

科普档案 ●元素名称:硫酸钙　　●性质:有吸湿性,溶于酸、硫代硫酸钠和铵盐溶液,有刺激性

　　豆腐坊里的人们总是用水把黄豆浸胀,磨成豆浆,煮沸,然后往豆浆里加入盐卤。这时,就有许多白花花的东西析出来,过滤之后,就制成了豆腐。

　　豆腐,人人爱吃。早点喝的豆浆、豆腐脑,菜品里的砂锅豆腐、麻婆豆腐,豆制品里的豆腐丝、豆腐干……单是豆腐做的菜,一个盛大的宴席还摆不开呢!

　　豆腐的原料是大豆。大豆起源于中国,古称"菽"。培育大豆在我国已经有四五千年的历史了。大豆类含有丰富的蛋白质,每100克黄豆含蛋白质36克多,在各种食物里遥遥领先。但是,炒黄豆和油炸黄豆不容易消化,能够被身体吸收的养分连一半都不到。煮黄豆好一些,吸收率也只有65.5%。豆浆和豆腐就比较好消化,其中85%~95%的蛋白质能被身体吸收。

　　喜爱豆类食品现在已不仅仅是中国人的专利,日本和美国也出现了"豆浆热"。男女老幼喜爱喝豆浆,商店里出售各种各样的豆浆制品:橘子豆浆、咖啡豆浆……各种豆腐菜、豆腐罐头一跃成为畅销的新颖食品。

　　豆腐是怎样做成的呢?把黄豆浸在水里,泡涨变软后,在石磨盘里磨成豆浆,再

□大　豆

滤去豆渣，煮开。这时候，黄豆里的蛋白质团粒被水簇拥着不停地运动，仿佛在豆浆桶里跳起了集体舞，聚不到一块儿，便形成了"胶体"溶液。

要使胶体溶液变成豆腐，必须点卤。点卤用盐卤或石膏，盐卤主要含氯化镁，石膏是硫酸钙，它们能使分散的蛋白质团粒很快地聚集到一块儿，成了白花花的豆腐脑。再挤出水分，豆腐脑就变成了豆腐。豆腐、豆腐脑就是凝聚的豆类蛋白质。想不到这是一次化学反应的过程。

我们喝豆浆，有时也会重复这个豆腐制作过程。有人爱喝咸浆，在豆浆里倒些酱油或者加点盐，不多会儿，碗里就出现了白花花的豆腐脑。酱油里有盐，盐和盐卤性质相近，也能破坏豆浆的胶体状态，使蛋白质凝聚。这不正和做豆腐的情形一样吗？

豆浆点卤，出现豆腐脑。豆腐脑滤去水，变成豆腐。将豆腐压紧，再榨干去些水，就成了豆腐干。原来，豆浆、豆腐脑、豆腐、豆腐干，都是豆类蛋白质，只不过含的水有多有少罢了。

或许，你哪一天在吃豆腐或喝豆浆时会想起富有营养的豆腐们是这样来的。

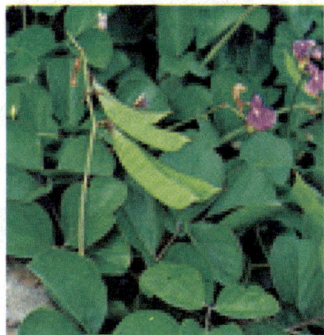

📙知识链接

豆　类

豆类泛指所有产生豆荚的豆科植物；同时也常用来称呼豆科的蝶形花亚科中的作为食用和饲料用的豆类作物。豆类的品种很多，根据豆类营养素种类和数量可将它们分为两大类。一类是以大豆为代表的高蛋白质、高脂肪豆类。另一类则以碳水化合物含量高为特征，如绿豆、赤豆。烹饪时通常用鲜豆及豆制品，不但可作菜肴的主料及辅料，而且还可以作为调味品的原料。

镜子的发明与发展

科普档案 ●元素名称:水银　●性质:有毒,熔点低,唯一在常温下呈液态并易流动的金属

　　300多年前,威尼斯人用水银制造玻璃镜,这种镜子轰动了欧洲,成为一种非常时髦的东西。然而,制造水银镜子相当费时,而且水银又有毒,镜面又不太亮。后来德国化学家李比希发明了镀银的玻璃镜,一直沿用至今。

　　说起镜子,也有它的历史。在3000多年前,我们的祖先就开始使用青铜镜子。历史上杰出的政治家唐太宗李世民有句名言:"人以铜为镜,可以正衣冠;以古为镜,可以见兴替;以人为镜,可以知得失。"这里所说的以铜为镜便指的是青铜镜。在描写花木兰替父从军的《木兰辞》里,有一句是:"当窗理云鬓,对镜贴花黄。"这镜也是指青铜镜。从青铜镜到玻璃镜,经历了一段漫长而又有趣的历史。

　　在300多年前,威尼斯是世界玻璃工业的中心。最初威尼斯人用水银制造玻璃镜,这种镜子是在玻璃上紧紧粘一层锡汞剂。威尼斯的镜子轰动了欧洲,成为一种非常时髦的东西。那时候有个法国的皇后结婚,威尼斯献给她一面玻璃镜子作为礼物。虽然这面镜子非常小,也不算精致,在当时却是一种很贵重的贺礼,价值15万法郎。

　　当时会制造玻璃镜的国家,只有威尼斯,而且制造方法也是保密的。按照他们的法律,不论是谁,如果把制造玻璃镜的秘密泄露出去,就处以死刑。

□世界玻璃工业的中心——威尼斯

政府还下了命令，把所有的镜子工厂，都搬到木兰诺孤岛上。孤岛处于严密的封锁中，不让人接近。然而，制造水银镜子毕竟太费事了，要整整花一个月工夫，才能做出一面。而且，水银又有毒，镜面又不太亮。后来德国化学家李比希发明了镀银的玻璃镜，它一直沿用至今。一提到镀银，也许你会以为玻璃镜上的这层银是靠电镀镀上去的。实际上

□古代的青铜镜

根本用不着电，人们是利用一种特别有趣的化学反应——银镜反应镀上去的。银镜反应非常有趣：在洗净的试管里倒进一些硝酸银溶液，再加些氨水和氢氧化钠，最后倒进点葡萄糖溶液。这时候你会看到一种奇怪的现象：原来清澈透明的玻璃试管，忽然变得银光闪闪了。因此，这个反应称为银镜反应。原来葡萄糖是一种具有还原本领的物质，它能把硝酸银里的银离子还原变成金属银，沉淀在玻璃壁上。除了葡萄糖外，工厂里还常用甲醛、氯化亚铁等作为还原剂。为了使镜子耐用，通常在镀银之后，还在后面刷上一层红色的保护漆。这样银层就不易剥落了。原来，镜子背面发亮的东西不是水银，是银。

现在，商店里已有不少镜子是背面镀铝的。铝是银白色亮闪闪的金属，比贵重的银便宜得多。制造铝镜，是在真空中使铝蒸发，铝蒸气凝结在玻璃面上，成为一层薄薄的铝膜，光彩照人。这种铝镜价廉物美，很有前途，说不定在将来的某一天，我们每个人都会用铝镜来映照自己。

◆ 知识链接

铝

铝是一种金属元素，质地坚韧而轻，有延展性，容易导电。可作飞机、车辆、船、舶、火箭的结构材料。纯铝可做超高电压的电缆。作日用器皿的铝通常称"钢精""钢种"。

蜘蛛网的启示

科普档案 ●化学名称：纤维　●性质：弹性模量大，塑性形变小，结晶能力强，分子量小

　　因为蚕儿吐丝、蜘蛛织网的启示，人们发现了天然纤维并制造出化学纤维，如今化学纤维和天然纤维的年产量已经平起平坐，而化学纤维在国民经济和国防事业上的作用却远远超过了天然纤维。

　　300多年前，英国有一位年轻的科学家对"八卦飞将军"蜘蛛发生了浓厚的兴趣。他经常从早到晚，目不转睛地观察蜘蛛。他看见蜘蛛忙忙碌碌，吐丝织网，刚从蛛囊里拉出的细丝是黏液，迎风一吹，一瞬间变成又韧又结实的蛛丝。

　　这位青年科学家想，要能发明一个机器蜘蛛，"吃"进化学药品，抽出晶莹的丝来纺线织布，那该多好啊！他一头扎进化学实验室，摆弄起瓶瓶罐罐，用各种化学药品做开了试验。他用硝酸处理棉花得到了硝酸纤维素，把它溶解在酒精里，制成黏稠的液体，通过玻璃细管，在空气中让酒精挥发干以后，便成了细丝。这是世界上第一根人造纤维，但是这种纤维容易燃烧、质量差、成本高，没法用来纺纱织布。

　　后来，科学家模仿吐丝的蚕儿，将便宜、易得的木材里的木质纤维素溶解在烧碱和二硫化碳里，做成黏液，再在水面

□蜘蛛吐丝织网启发科学家发明纺纱织布

下喷丝,拉出千丝万缕。这就是大名鼎鼎的"人造丝"黏胶纤维。它的长纤维可以织成人造丝印花绸、人造丝袜。

可是,人们并不满意。人造丝、人造棉潮湿的时候很不结实,洗涤后容易变形,缩水严重。再说,人造纤维虽然扩大了原料的来源,把不能直接纺纱织布的木材、短的棉花纤维、草类利用了起来,可是,资源毕竟有限。于是,人们又把眼光从天然纤维跳到了矿物上,石头、煤、石油能不能变纤维呢?

50多年前,德国出现了用煤、盐、水和空气做原料制成的聚氯乙烯纤维(氯纶)。它的化学成分和最普通的塑料一个样,这是最早的合成纤维。用氯纶织成的棉毛衫裤、毛线衣裤,既保暖又容易摩擦后带静电,穿着它,对治疗关节炎还有好处呢。

比氯纶晚几年出世的尼龙(锦纶),比蛛丝还细,但非常结实,晶莹透明,一下子以它巨大的魅力使人们着了魔。曾经很流行的"的确良"(涤纶),挺拔不皱,免烫舒适,是产量最大的一种合成纤维。维纶棉絮酷似棉花,人称"合成棉花"。

后来,由丙烯聚合而成的丙纶一跃而起,成为合成纤维的新秀。丙纶是比重最轻的合成纤维,入水不沉。飞机上的毛毯、宇航员的衣服用它制作,可以减轻升空的负担。

如今,化学纤维的年产量已经和天然纤维平起平坐了,而它在国民经济和国防事业上的作用却远远超过了天然纤维。不过,今天规模巨大的"机器蚕"在日夜运转,还多亏了蚕儿吐丝、蜘蛛织网给人们的启示呢!

📖 **知识链接**

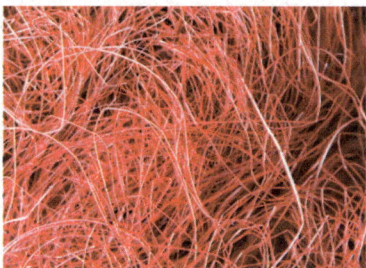

纤　维

纤维是指由连续或不连续的细丝组成的物质。在动植物体内,纤维在维系组织方面起到重要作用。纤维用途广泛,可织成细线、线头和麻绳,造纸或织毡时还可以织成纤维层;同时也常用来制造其他物料,及与其他物料共同组成复合材料。纤维可被分作天然纤维及人造纤维。

人造金刚石的诞生

科普档案 ●元素名称:金刚石　　●性质:超硬,耐磨,热敏,折射率高,色散性能强

金刚石作为一种稀有的贵重物品,自古以来就是财富的重要象征。可是,金刚石的矿藏量却极少,远远满足不了社会对它的巨大需求。1893 年,法国化学家莫瓦桑研制出的人造金刚石,传遍法国,轰动世界。

金刚石作为一种稀有的贵重物品,自古以来就是财富的重要象征。金刚石具有独一无二的特性:它是自然界中最硬的一种矿石,从而使它具有广泛的社会用途。可是,金刚石的矿藏量却极少,远远满足不了社会对它的巨大需求。1893 年,法国科学院宣布了一条振奋人心的消息:法国化学家莫瓦桑研制出了人造金刚石! 片刻间,这一爆炸性的特大喜讯传遍全法国,传遍全世界。

莫瓦桑发明人造金刚石是十分偶然的。

一次,莫瓦桑准备进行一项化学实验,需要用一种镶有金刚石的特殊器具。这种器具非常昂贵,因此实验室里的助手们倍加爱护。

早上,莫瓦桑来到实验室,做好实验前的准备工作。这时,各项仪器都准备好了,却找不到那镶有金刚石的昂贵器具。奇怪,怎么会突然不见了呢?

助手突然惊叫起来:"啊? 门好像被撬过了! 莫非有小偷光顾?"原来,小偷是看上那昂贵的金刚石了。

这桩意外使莫瓦桑萌生了一个念头:"天然金刚石如此稀少而昂贵,如果能人工制造金刚

□金刚石

石,该有多好!"可这谈何容易!

作为化学家,莫瓦桑心里最清楚:"点石成金"不过是美好的神话。要想制造金刚石首先要弄清楚金刚石的主要成分,并了解它是怎样形成的。

翻阅了许多资料之后,莫瓦桑了解到,金刚

□法国化学家莫瓦桑

石的主要成分是碳。至于它是如何形成的,在这方面研究的成果很少,只有德布雷曾提出金刚石是在高温高压下形成的。

紧接着莫瓦桑想到,要人工制造金刚石,得有可供加工的原材料。选什么材料才合适呢? 还从未有人做过这方面的尝试,看来,一切要靠自己摸索了。

有一次,有机化学家和矿物学家查理·弗里德尔在法国科学院作了一个关于陨石研究的报告,莫瓦桑也参加了。

在报告中,查理·弗里德尔说:"陨石实际上是大铁块,它里面含有极少量的金刚石晶体。"

听到这儿,莫瓦桑猛地想到:石墨矿中也常混有极微量的金刚石晶体,那么,在陨石和石墨矿的形成过程中,是否可以产生金刚石晶体呢?

想到这里,莫瓦桑头脑中出现了制取人造金刚石的设想。他对助手们说:金刚石的主要成分是碳。陨石里含有微量金刚石,而陨石的主要成分是铁。我们的实验计划是:把程序倒过去,把铁熔化,加进碳,使碳处在高温高压状态下,看能不能生成金刚石。

历史上第一次人工制取金刚石的实验开始了。没有先例,没有经验,更没有别人的指点,一切都像在黑暗中探路一样。第一次失败了,认真总结经验,找出问题的症结所在,第二次再来……经过无数次的反复探索,莫瓦桑的实验室里终于爆发出一阵激动的欢呼声，大家紧紧地拥抱在一起：成功了！人造金刚石诞生了。

但是，人造金刚石不仅颗粒小，而且色泽深暗。那时有一颗最大的接近无色的小晶体，其直径还不足1毫米。可是人们却把它作为最贵重的珍宝收藏在罗浮宫里，并命名为"摄政王"，使它跟宫里的那颗世界上最大的金刚石——库林南相媲美。

直到20世纪50年代中期，化学家本迪等用镍等金属为催化剂，使用2000℃和7万个大气压下的设备，才使石墨转化为金刚石的试制成功。美国电气公司、瑞典通用电气公司投入工业生产。此后，美国通用电气公司应用晶种的触媒法，以金刚石粉为碳源溶解于熔融金属铁镍之中，借助反应室中适当的温度梯度，把碳输送到高压釜反应室中温度较低处的金刚石晶种上，并在晶种上沉积出晶层。这种方法在大约6万大气压和1500℃温度下，几天之内就长出0.2克左右的宝石级优质人造金刚石。在19世纪70年代，有采用爆炸法生产金刚石。这种方法是利用TNT和黑索金等炸药引爆后产生强烈的冲击波和在几微秒的瞬间产生的几十万大气压及高温使石墨转化为金刚石。此外还有气相法、液向外延生长法、气相固相外延生长法、常压高温生产金刚石的。由于天然金刚石不能满足工矿业的需要，人造金刚石的世界年产量逐年都在增长。据统计，1967年为2.4吨，1968年为4.4吨，1969年已达到6.0吨。

知识链接

催化剂

在化学反应里能改变其他物质的化学反应速率（既能提高也能降低），而本身的质量和化学性质在化学反应前后都没有发生改变的物质叫催化剂，如蛋白质性酶和具有催化活性的RNA。

炼金术的发展

科普档案 ●元素名称:金　●性质:柔软,易磨损,易于锻造延展,抗磁,导热导电性能好

　　黄金目前只能在极少数拥有高科技的实验室里通过人工方法制造,但人类能人工制造黄金这件事本身比金子值钱得多。相信随着科技的发展,总有一天人们能够由廉价金属制造出黄金。

　　金是一种化学元素,符号是 Au,荷电核数为 79,原子量为 196.96654,属于 IB 族。金的拉丁文名称是 Aurum,来自 Aurora 一词,是"灿烂的黎明"的意思,它的英文名称是 Gold。金在地壳中分布很广,但含量很小。金在自然界中以游离金和碲化物矿形式存在。游离银矿、黄铁矿、黄铜矿中也有少量金存在。海水中金浓度很小,每吨约 10 微克。

　　金是一种柔软的、黄色的金属,是所有元素中延展性最强的一个。1 克金能抽成长达 3km 长的金丝,或压成厚约 0.0001mm 的金箔。这样薄的金箔看上去几乎透明,而略带蓝绿色。金的化学性质不活泼,不受空气和水的作用,也不溶于一般的化学溶剂中。它发出应有的黄色光泽,吸引着人们的注意,因而金是一种贵金属,常用于电镀和饰物制作。金不与空气中的氧作用,也不能与酸作用,而只能溶解于王水中。

　　在人类的历史中,作为金钱象征的黄金尤为重要。黄金的拥有量一直是衡量一个国家、一个民族、一个社会集团、一个家庭物质财富的标志,佩戴黄金首饰古往今来是生活中的一种时髦。金,俗称黄金,在化学元素家族中"排行"79,密度 19.3 克/立方厘米,熔点 1063℃,沸点 2600℃,与银、铜、铁、锡等同是历史上最早被发

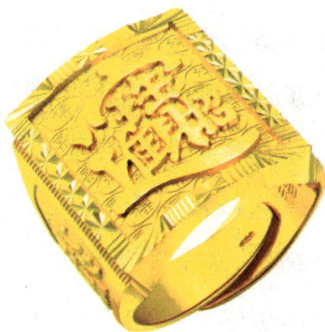

□黄金做成的首饰

□备受人们青睐的金条

现的元素,但黄金以它美丽的光泽,优异的性能和稀缺的资源被人类视为"尊贵"之物,特别是几千年来用它作为货币和饰品,备受人们的青睐。也正因为如此,人类在黄金舞台上曾上演了无数可悲可叹的闹剧。

从古代开始,人类就从淘金者的艰难与黄金的价值中,梦想着用人工方法制造黄金。在古希腊神话中,传说有一位叫作梅达斯的国王得到了一种神奇的东西,任何其他物品一经与此接触就立即转变成黄金。这就是连小孩子都知道的"点石成金"的故事。当然,这仅是一种美好的愿望,在我国古代,有许多炼丹家们曾从事炼金术的研究,他们企图通过化学方法将那些随处可见的贱金属变成黄金,但最终以徒劳而告终。制金也是欧洲炼金术的主要和唯一目标。欧洲学者根据阿拉伯炼金术的理论,做了大量实验,包括牛顿在内的一些著名科学家都曾进行过化学制取黄金的尝试。

炼金术在总体上和追求的目标上是错误的,但作为近代化学的先驱在化学发展史上起过一定的积极作用。通过炼金,人们积累了化学操作的经验,如溶解、过滤、结晶、灼烧、蒸馏、熔融等。此外还发明了多种实验器具,如水浴、沙浴、坩埚、曲颈瓶等。在炼金中,人们收集了丰富了化学知识,认识了许多天然矿物,了解了一些元素化合物知识。炼金术在欧洲成为近代化学产生和发展的基础。

从炼金术士的黄金梦破灭到20世纪初这一千多年的时间里,人们逐渐确信,黄金不可能人工制造,它只能从自然界里获取。然而,20世纪初,元素放射性的相继发现,以及原子内部结构的揭秘,打破了这一观念。科学家们认为人工制造黄金是完全有可能的。

我们知道,各种元素的差别在于它们的原子中质子、中子和电子的数目不同,特别是原子中质子的数目不同。如果用人工的方法能够改变原子核中质子的数目,就可以把一种元素变成另一种元素。也就是说,只要能从序号大于79的某种元素的原子中取掉一些质子,或给序号小于79的元素的原子中增添一些质子,使它们的质子数为79的话,就可以把这些非79号元素转变成了79号元素金,但是给原子增减质子并不像给一个容器装取豆子那样的简单。原子核十分"坚固",要破坏它需要十分巨大的能量。据计算,从原子核内取出一个质子所需的能量比把一个分子破裂成原子所需要的能量要高出一百万倍。因而,在化学反应过程中,原子核总是"安然无恙",利用任何化学手段及普通的物理方法(比如升温)只能导致原子的重新组合或分子破裂成原子,这就是炼金术士制造不出黄金的根本原因。要实现原子间的嬗变,必须在特殊装置中,利用核反应来完成。

现代科学技术已证明,在巨型粒子加速器中,用超高速的质子、中子、氘核、a粒子等"粒子炮弹"去轰击原子,原子可被击破,其后,质子、中子和电子便可以重新组合成新的原子。

果然不出科学家所料,20世纪40年代,人类数千年来的"人造黄金"梦

□黄金目前是无法人工制造的

终于变成了现实。美国哈佛大学的班布里奇博士及其助手,利用"慢中子技术"成功地将比金原子序数大1的汞变成了金。20世纪80年代,美国劳伦斯伯克利研究所的研究人员又一次把83号元素铋转变成了金。他们把铋置入高能加速器中,用近乎光速的粒子去轰击铋的原子核,结果4个质子破核而出,剩下了79个质子,铋原子的结构便发生了相应的突变,一跃而成为金原子。用类似的方法,他们把82号元素铅也变成了金。

遗憾的是,黄金目前只能用这样的人工方法制造,且只能在极少数拥有高科技的实验室里进行。可以想象,用此法来获得黄金无疑是"得不偿失"。但人类能人工制造黄金这件事本身比金子值钱得多。我们相信,随着高科技的发展,总有一天人们能够建立一个经济上高度可行的系统,使黄金能由廉价金属方便地制造出来,可是到那时,或许黄金会由"贵族"沦为"庶民"了。

🔖 知识链接

点石成金

在许多的电影电视和文学作品中,我们往往能听到点石成金的故事和情节,这反映了人类探索自然奥秘的化学精神。或许,有一天,人类真的能研究出一种"点石成金"化学方法,让黄金成为像铝一样的廉价商品。

纳米技术的崛起

科普档案　●化学名称:纳米技术　　●性质:制作的器材重量轻、硬度强、寿命长、设计方便

纳米技术的悄然崛起,改变了人类的衣、食、住、行等各个方面,人类利用资源和保护环境的能力也得到拓展。

有这样一种东西,你看不见,闻不到,无色无味无形,但是它正"润物细无声"般地改变着人类的衣、食、住、行等各个方面,它就是纳米科技。所谓纳米技术,是指在 0.1~100 纳米尺度范围内,研究电子、原子和分子内在规律和特征,并用于制造各种物质的一门崭新的综合性科学技术。其中 1 纳米等于 10 亿分之一米。当物质被"粉碎"到纳米级细小并制成"纳米材料",不仅光、电、热、磁性发生变化,而且具有辐射、吸收、吸附等许多新特性,可彻底改变目前的产业结构。不难设想,纳米技术在未来的绿色革命中将大显身手。随着纳米技术的悄然崛起,人类利用资源和保护环境的能力也得到拓展。过去,人们往往把环境保护的重点放在污染源的治理上,而对绿色技术、绿色设计、绿色制造等关注和应用得不够。纳米技术为彻底改善环境和从源头上控制新的污染源产生创造了条件。

进入纳米时代后,世界上将会出现 1 微米以下的机器设备。日本已用极微小的部件组装成一辆只有米粒大小、能够运转的汽车。还制成了直径只有 1~2 毫米的静电发电机,其体积只有常规发电机的万分之一、能够转动的机床以及直径仅 5.5 毫米的尺蠖。在我国也已有微直升机、微马达、微泵、微喷器、微传感器等一系列纳米微机电系统元器件问世。由此可见,由于纳米技术导致产品微型化,使所需资源减少,不仅可达到"低消耗、高效益"的可持续发展目的,而且其成本极为低廉。可以预料,未来那些资源浪

□纳米机器人

费、造价昂贵的庞然大物型机械设备和车辆将会逐步被淘汰，以实现资源消耗率的"零增长"。就拿灯泡来说，不但不影响透光，而且还可以提高发光效率，节省 15% 以上的电，并在照射时不会有像摄影棚里强光下温度骤升的"耀目光源"感觉。

纳米技术还可以制成非常好的催化剂，其催化效率极高。经它催化的石油中硫的含量小于 0.01%。纳米用于汽车尾气催化，有极强的氧化还原性能，是其他任何汽车尾气净化催化剂所不能比拟的，它在发动机汽车缸里发挥催化作用，使汽车燃烧时不再产生氮氧化物等，根本无须进行尾气净化处理。我们知道，氢能是取之不尽、用之不竭的清洁能源，但储存等方面的问题制约着氢能的开发利用，已有的稀土由于储氢量少，应用受到限制。可有一种合成的高质量碳纳米材料，能储存和凝聚大量的氢气。储存能力达到 4% 以上，它比稀土的两倍还多，并可以做成燃料电池驱动汽车，可有效避免因机动车尾气排放所造成的大气污染。

新型的纳米级净水剂具有很强的吸附能力，它是普通净水剂吸附能力的 10~20 倍，可将污水中的铁锈和悬浮物、异味等污染物除去，通过纳米孔径的过滤装置，还能把水中的细菌、病毒去除。因细菌、病毒的直径比纳米大而被过滤掉，可水分子以及比水分子还要小的矿物质、元素却被保留下来，经过纳米净化后的水体清澈，没有异味，成为高质量的纯净水，完全可以饮用。可以预言,纳米技术被广泛应用后,纯净水这一行业将会被它所取代。飞机、车辆、船舶等主机工作时的噪声可达到上百分贝,容易对人造成干扰和危害。当机器设备等被纳米技术微型化以后,其互相撞击、摩擦产生的交变机械作用力将大为减小,噪声污染会得到有效控制。运用纳米技术开发的润滑剂,既能在物体表面形成半永久性的固太膜,产生极好的润滑作用,得以大大降低机器设备运转时的噪声,又能延长它的使用寿命。

近年来,有关电磁场对人体健康的影响问题已众所周知,但现在我们再也不用为防电磁辐射而担忧。若在强烈辐射区工作并需要电磁屏蔽时,可以在墙内加入纳米材料层,或者涂上纳米涂料,就能大大提高墙的遮挡电磁波辐射性能。紫外线对人体的害处极大,但有的纳米微粒又可以吸收紫外线对人体有害的部分。纳米微粒还具有防紫外线的功能。可见,纳米技术又可渗透到环保的其他各个领域,将创造出更多科技含量高的绿色产品。如化纤布料制成的衣服虽然艳丽,但因摩擦容易产生静电损伤皮肤,而在生产时只要加入少量的金属纳米微粒,就可以摆脱烦人的静电现象。化纤地毯放电,容易吸附灰尘,如在生产时放进一些金属纳米微粒,同样可以解决这一问题。冰箱、洗衣机等电器设备使用时间长了也容易产生细菌污染,而采取了纳米材料新设计的冰箱、洗衣机既可以抗菌,又可以除味,增强其防污性能。同时,纳米材料还可以降解有机磷农药、城市垃圾等。

科学界的努力,使"纳米"不再是冷冰冰的科学词语,它走出实验室,渗透到中国百姓的衣、食、住、行中。居室环境日益讲究环保。传统的涂料耐洗刷性差,时间不长,墙壁就会变得斑驳陆离。现在有了加入纳米技术的新型油漆,不但耐洗刷性提高了10多倍,而且有机挥发物极低,无毒无害无异味,有效解决了建筑物密封性增强所带

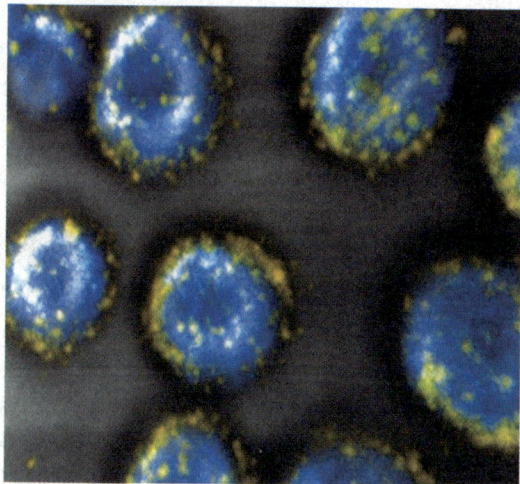

□ 纳米微粒

来的有害气体不能尽快排出的问题。人体长期受电磁波、紫外线照射，会导致各种发病率增多或影响正常生育。现在，加入纳米技术的高效防辐射服装，高科技电脑工作装和孕妇装问世了。科技人员将纳米大小的抗辐射物质掺入到纤维中，制成了可阻隔95%以上紫外线或电磁波辐射的"纳米服装"，而且不挥发、不溶水，持久保持防辐射能力。白色污染也遭遇到"纳米"的有力挑战。科学家将可降解的淀粉和不可降解的塑料通过特殊研制的设备粉碎至"纳米级"后，进行物理结合。用这种新型原料，可生产出100%降解的农用地膜、一次性餐具、各种包装袋等类似产品。农用地膜经4~5年的大田实验表明：经过70~90天，淀粉完全降解为水和二氧化碳，塑料则变成对土壤和空气无害的细小颗粒，并在17个月内同样完全降解为水和二氧化碳。这是彻底解决白色污染的实质性突破。

也许现在还很难完整地描绘出当纳米科技普及后，世界将是什么样的，人类生活将是怎样的？不再为能源的匮乏而担忧，人们可以吃得放心，住得舒心，用得省心，活得更健康长寿……被称为21世纪前沿科学的纳米技术，它有着广泛的应用前景，甚至会改变人们传统的环保观念，利用纳米技术解决污染问题将成为未来环境保护发展的必然趋势。

🔷 知识链接

纳米的大小

"纳米"是一种长度单位，原称毫微米，就是10亿分之一米，约相当于45个原子串起来那么长。纳米结构通常是指尺寸在100纳米以下的微小结构。1纳米大体上相当于4个原子的直径。假设一根头发的直径为0.05毫米，把它径向平均剖成5万根，每根的厚度即约为1纳米。

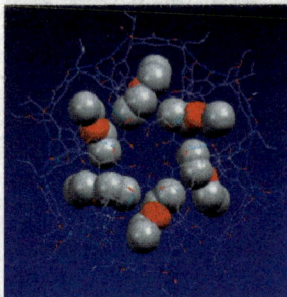

防毒面具的诞生

科普档案 ●化学名称:防毒面具　　●性质:防止毒气、粉尘、细菌等有毒物质伤害人体

　　防毒面具作为一种防御性的保护器具问世几十年来,不仅广泛应用于军事上,而且也是我们科学实验在某险恶环境中从事工作的一个不可缺少的工具。

　　防毒面具作为一种防御性的保护器具问世几十年来,不仅广泛应用于军事上,而且也是我们科学实验在某险恶环境中从事工作的一个不可缺少的工具。

　　说起它的诞生,还有一段难忘的故事呢!在第一次世界大战期间,德军曾与英法联军为争夺比利时伊泊尔地区展开激战,双方对峙半年之久。1915年,德军为了打破欧洲战场长期僵持的局面,第一次使用了化学毒剂。他们在阵地前沿设置了5730个盛有氯气的钢瓶,朝着英法联军阵地的顺风方向打开瓶盖,把180吨氯气释放出去。顿时,一片绿色烟雾腾起,并以3米/秒的速度向对方的阵地飘移,一直扩散到联军阵地纵深达25千米处,结果致使15000万英法联军士兵中毒死亡,战场上的大量野生动物也相继中毒丧命。可是奇怪的是,这一地区的野猪竟意外地生存下来。这件事引起了科学家的极大兴趣。经过实地考察,仔细研究后,终于发现是野猪喜欢用嘴拱地的习性,使它们免于一死。当野猪闻到强烈的刺激性气味后就用嘴拱地,回避气味的刺激。而泥土被野猪拱动后其颗粒就变得较为松软,对毒气起到了过滤和吸附的作用。由于野猪巧妙地利用了大自然赐予它的防毒面具,所以它们能在这场氯气的浩劫中幸免于难。根据这一发现,科学家们很快就设计、制造出了第一批防毒面具。但这种防毒面具没有直接采用泥土作为吸附剂,而是使用吸附能力很强的活性炭,猪嘴的形状能装入较多的活性炭。如今尽管

吸附剂的性能越来越优良,但它酷似猪嘴的基本样式却一直没有改变。防毒面具可以说是模仿猪嘴的一件杰作。

能否找到一种物质来同时对付多种毒气以减轻士兵的负担而赢得战争的胜利呢?各国化学家都在致力研究。俄国化学家谢宁斯基首先想到了制糖工业中用来吸附杂质和色素的木炭。他冒着生命危险进行了实验。他用装有木炭的布包堵住自己的呼吸道,钻进充满氯气和光气的实验室,他的两个助手屏住呼吸守候在门边,只要听见门铃响,说明他们的导师已坚持不住了,应赶快抢救出来,然而铃却迟迟未响。"该不是他已经出事了吧?"一个助手已沉不住气了。"不会的,若是那样,他早该拉铃了。"另一个与教授共事多年的助手不相信有那回事。可是,铃,还是一动不动!正在两位助手都感到害怕而欲打开房门时,门开了,谢宁斯基举着两只被木炭染黑的手高兴地跑出来,"成功了,成功了……"兴奋地与两位助手拥抱成一团。用活性炭作吸附剂的轻型防毒面具就这样诞生了,它的样子虽说不中看,可是每当敌人施放毒气时,俄国士兵就立即戴上它在毒气中打退敌人的一次次冲锋。

今天的防毒面具和它问世的时候不大一样,它主要由橡皮面罩、呼吸管、滤毒罐三部分组成。面罩上有眼镜,橡皮管内有两个通道,一根吸气管受入气活瓣的控制,只能吸气不能呼气;另一根呼气管刚好相反,受出气活瓣控制,只供出气而不能吸气。滤毒罐内有活性炭层、化学吸收层及过滤层。活性炭主要用于吸附毒气,化学层用来中和毒气,过滤层用多层纱布做成,用于清除空气中的尘埃。活性炭是碳的另一种形式,它具有多孔性,有很大的内表面,其表面积可以高达每克2000平方米。这个很大的表面积使活性炭可用来吸附液体的或气体的实物。活性炭可以由各种各样含碳物料制得,这些物料先要进行干馏。用来吸附气体的活性炭必须具有微孔结构,椰子和其他坚果是制取这类活性炭

□第一次世界大战中第一次使用了化学毒气

的最好原料。活性炭气体吸附剂被用在防毒面具中;它也用在工业生产过程中以回收挥发性溶剂的蒸汽和除去气体中的杂质;还可以用来除去办公室、餐馆、剧场等大型空气调节系统中环流空气中的气味;也常用在人们的日常生活中。用于吸附液相中的杂质的活性炭,可用于食品和化学产品加工过程中,被用来精制蔗糖、甜菜糖和玉米糖浆;它也用于城市生活用水和工业用水的水处理中,以吸附会给水带来讨厌气味和味道的有害物料和杂质。

□各种防毒面具

过滤元件是防毒面具上忠诚的把关卫士,它只允许清洁空气通过。世界各国的面具五花八门,面具上的过滤元件也是形状各异,但它们内部结构的设计思路却大同小异。其内部装有对付悬浮在空气中的微小颗粒的过滤层,又叫滤烟层,实际上是一层特制过滤纸。它既要高效率地滤除有害物气溶胶粒子,又要对人体的呼吸不产生明显的阻力。过滤元件内还装有专门对付毒气蒸汽的防毒炭。它跟普通民用活性炭不同,防毒炭不仅要有非常发达的微孔结构,使其有足够大的"肚子",能尽量多"吃"毒剂,而且要有充分发达的中孔、大孔,以使具有吸附作用的道路畅通,满足吸附速率的要求。防毒炭除要求孔隙结构合理外,还须经特殊的化学药剂处理,因为,对付各种毒魔单靠物理吸附作用是远远不够的,必须借助催化剂,进行物化反应,使其大量"吸毒",成为身手不凡的"瘾君子"。

新的防毒炭对付毒剂的能力很强。然而,随着时间的推移,防毒炭会产生一种惰性,这就是自然界的陈化作用。为了防止这种惰性过早出现,面具设计师们必须对防毒炭进行防陈化处理。催化与陈化是两门更深的学问,其关键技术,各国都秘而不宣。过滤元件有的安在面具左边;有的安在下颌处;有的还带导气管,无论安置得怎样巧妙,都像是个赘物。据说,现在发现了一种会"吃"毒剂的酶,如果这种酶用到过滤元件上,面具设计将出现质

的飞跃。

面具罩体是将防毒面具各部件构成一整体的主要部件。乍一看，它无非就是一块橡皮，没什么大的学问。然而，它要适合多种头型的人佩戴，既要密合，不让有毒物乘隙而入，又不致给人造成面部压疼，这的确不是一件易事。仅就其与面部贴合的部位，即专家们所称的密合框而言，面具设计师们便绞尽了脑汁。最初，密合框由一片橡皮制成，称单片密合框。它能与面部吻合，结构及制造工艺均十分简单，但戴后常使人面部的突出部位感到难以承受的压痛，动态气密性也较差。以后，出现了单反折边密合框结构。它是在平面密合框的基础上再加一圈反折边，依靠橡胶的弹性拉力在人面部形成密合力。呼气时面具内压力大于外界压力，是一种正压气密性好的密合框结构。单反折边密合框无疑比单片密合框先进了一大步，然而，在满足战术使用要求上依然还存在较大差距。

知识链接

防毒口罩

防毒口罩指可以防尘和防毒，可以过滤有害物质的口罩。空气过滤式口罩是使含有害物的空气通过口罩的滤料过滤进化后再被人吸入。一个过滤式口罩的结构分为两大部分，一是面罩的主体部分；二是滤材部分，包括用于防尘的过滤棉以及防毒用的化学过滤盒等。

无处不在的碳元素

科普档案 ●元素名称:碳　　●性质:常温下不溶于水、稀酸、稀碱和有机溶剂,具有还原性

> 在 118 种化学元素中,碳非常特殊。除碳之外的 117 种元素,它们之间所形成的化合物只有几十万。然而,碳的化合物却有 500 万之多!

在 118 种化学元素中,碳非常特殊。除碳之外的 117 种元素,它们之间所形成的化合物只有几十万。然而,碳的化合物却有 500 万之多!

在烟囱里、灶膛内、锅底上,以及煤油灯玻璃罩壁上那些黑色的粉末就是烟炱。化学课本里也叫它炭黑。从烟囱里出来的烟炱,到处乱飞,它熏黑了蚊帐,弄脏了人们的衣服,污染了清新的空气。干了这么多坏事,谁还会喜欢它呢? 难怪现代工厂的烟囱,大都加了除烟消尘装置。谁都知道,写字的墨汁是黑色的,印书的油墨是黑色的,汽车和飞机的轮胎也是黑色的。这黑色的东西,里面都有烟炱的成分。烟炱对于橡胶工业极为重要,90%左右的烟炱用于橡胶工业。制造一个汽车轮胎,需要好几千克的烟炱。橡胶是一种大分子化合物,分子间的空隙很多,加进烟炱主要是为了填充这些空隙,增强橡胶的机械强度,使它有耐拉、耐撕、耐磨等优良性能。如果没有烟炱,世界上就没有字迹经久不衰的书,汽车不能跑长途,飞机也难以起飞。烟炱如此重要,怎样来生产呢?

我国的劳动人民早在 1700 多年前就懂得用烟炱来制造墨汁。当时所用的烟炱是从烟囱里收集得到的。从烟囱收集烟炱,满足不了社会发展的需要。后来,发明了一种特制的窑。让松脂在窑里不完全燃烧,从而得到较大量的烟炱。可是用松脂来烧取烟炱,使大片松树被砍伐,出现大量荒山,破坏了生态平衡,最后将会给人类带来灾难。幸好在北宋时,我国科学家沈

括发现了用燃烧石油的方法来制取大量的烟臭。现在，人们主要是用分解天然气的方法来制取大量的烟臭。

不怕火的石墨是黑色的细鳞片状的晶体，在大自然中，石墨矿是由一些古代的树木，因为地壳运动埋到地下，在地下受到高压慢慢形成的。石墨是铅笔芯的主要原料，铅笔芯有

□石 墨

硬有软，有黑有淡。这是怎么一回事？如果你能注意铅笔杆上标的符号，就不难总结出下面的规律：6H、5H、4H、2H、H、HB、B、2B、3B、4B、5B、6B。这里H代表英语的 Hard(硬)，B代表英语的 Black(黑)。铅笔芯只用石墨做原料，虽然很黑，但太软了。所以必须掺些纯黏土，黏土掺得越多，硬度越大，笔迹也就越淡。中小学生书写用的铅笔多是 HB，5B、6B 多用于画画，而5H、6H 多用于多层复写。谁都知道，铅笔是用来写字的，但它另有绝招——能医锈锁。生锈的锁打不开，在进钥匙的孔内加一点铅笔芯粉末，往往就能打开锈锁。铅笔芯怎么会有这种用途呢？原来，铅笔芯里的石墨有润滑性。用手摸摸铅笔芯的粉末，会有一种滑腻的感觉。所以，铅笔芯能润滑锈锁。

石墨熔点很高，达 3500℃以上。作为润滑剂，它特别适用于在高温状态下工作的机器。在高温下，一般机油会分解，然而石墨却"安然无恙"，继续发挥润滑作用。有一种轴承，它在成型时加进了石墨粉。这种轴承能长期工作而不必加油滑润，它自身有石墨在起润滑作用。在直升机机舱的门钮上，已经大量使用新型高精度的纯石墨轴承。这种轴承既耐低温又耐高温，特别令人惊叹的是，在真空条件下，它仍能保持良好的润滑性。俗话说，真金不怕火炼，其实石墨才是更不怕火的东西。金子受热到 1063℃就熔化了。而石墨在 3500℃还不熔化。石墨在纯氧气里受热能燃烧，变成二氧化碳，但是在空气中，哪怕受到强热，也燃不起来。石墨能耐高温，而且容易传热，又能

经得住温度的自然升降,所以特别适宜制造坩埚。石墨坩埚常用来熔炼熔点很高的金属。"石墨不怕火",这对石墨并不过奖,它是当之无愧的。

16世纪时,英国一些商人在某个矿泉区避暑,偶然发现这里的矿泉水稍受热会冒气泡,喝起来特别凉爽。于是他们就把这种矿泉水当作饮料出售,这种饮料可以说是天然汽水。后来,科学家揭开了天然汽水喝了能使人凉爽的秘密。原来这种矿泉水含有较多的二氧化碳。人们喝了这种矿泉水,肠胃并不吸收二氧化碳,由于体内温度较高,二氧化碳就迅速从食道经口腔排出,带走人体内的热量,使人有凉爽的感觉。人们又发现这种矿泉水还能帮助消化。因为二氧化碳溶于水后,使溶液带有酸味和辣感,对胃壁有轻微的刺激作用,能加快胃液的分泌。天然汽水是一种好东西,然而它并不是到处都有的,不能满足人们的需要。既然这种矿泉水的主要特点就是含有较多的二氧化碳,那为什么不人工制造呢?到了17世纪,世界上出现了人造汽水。在汽水工厂里,工人们先在瓶子里备好汽水溶液,这种溶液是由糖、水果汁、染料跟水混合而成的,然后用高压使二氧化碳溶解在备好的汽水溶液里面,最后加盖密封,这就制成了人造汽水。当你打开汽水瓶盖时,由于外面的压强较小,二氧化碳气体就逸出,顿时瓶里气泡翻腾,瓶口泡沫横溢,多么有趣。

能"呼风唤雨"的干冰是什么东西呢?它就是固态的二氧化碳。二氧化碳气体在加压和降温的条件下,会变成无色液体,再降低温度,会变成雪花般的固体,经过压缩,就会成干冰。它在一个标准大气压下,可以在-78℃时直接变成气体。干冰为什么会有"呼风唤雨"的本领呢?老天不下雨,不是水蒸气没有遇到凝结核,结不成小水点,就是已经凝结的小水点,因为气温太高,没等落到地面,就已经蒸发掉了。当飞机把干冰撒在空中,它立即

□能"呼风唤雨"的干冰

汽化,向云层夺取大量的热,使云层冷到-40℃。每克干冰能造成100亿个小冰晶,周围的云雾碰到小冰晶,便以它为中心凝成大水滴,于是就下起雨来。当用火车运载鲜鱼时,它就守卫在鲜鱼的旁边,起制冷防腐的作用。干冰外表像冰,可作为防腐剂,它比冰优越得多。干冰熔化时不会像冰那样变成液体,它全部汽化,四周干干净净。干冰冷却的温度比冰低得多,而且干冰汽化后产生的二氧化碳气体,能抑制细菌的繁殖生长。

干冰有时也在作物的温室里,逐渐挥发出二氧化碳气体,给作物提供光合作用的原料,促进作物开花结果,提高作物的产量。在采煤工业上,把干冰放在炸药仓里,当炸药爆炸时,干冰立即汽化,产生大量二氧化碳气体,既助长炸药爆炸的威力,又可防止失火事故。煤层中往往有一些可燃性气体,但是靠二氧化碳这种不支持燃烧的气体隔绝了空气,它们就燃烧不起来了。多可爱的干冰啊,但你千万别像对待冰那样用手去摸它。因为干冰的温度太低了,会把手冻伤。冻伤像烧伤一样非常灼痛,日后皮肤还会溃烂,所以千万不要用手直接去碰干冰。

📖 知识链接

半衰期

地球上的所有生物,活着的时候总是不断地吸收大气中的二氧化碳,也吸收了混合在一起的碳-14。当动植物死亡后,它们与外界停止了物质交换,碳-14的供应也就停止了。这时起,生物体内的碳-14由于不断放出射线,含量逐渐减少。大约平均每过5568年,碳-14的含量会减少一半,这段时间就叫作放射性同位素的"半衰期"。

金属铅的妙用

科普档案　●**元素名称:**铅　　　●**性质:**最软的重金属,展性良好,易与其他金属形成合金

> 16世纪以前,在用石墨制造铅笔前,从希腊、罗马时代起,人们就是手握夹在木棍里的铅条在纸上写字,这正是今天"铅笔"这一名称的来源。

16世纪以前,在用石墨制造铅笔前,从希腊、罗马时代起,人们就是手握夹在木棍里的铅条在纸上写字,这正是今天"铅笔"这一名称的来源。到中世纪,在富产铅的美国,因为铅具有耐腐蚀的化学惰性,一些房屋,特别是教堂,屋顶是用铅版建造。铅是人类最早使用的金属之一,公元前3000年,人类已会从矿石中熔炼铅。

铅为带蓝色的银白色重金属,有毒性,是一种有延伸性的主族金属,并且十分柔软,用指甲便能在它的表面划出痕迹。铅在地壳中的含量为0.0016%,主要矿石是方铅矿。铅很重,1立方米的铅重达11.3吨,古代欧洲的炼金家们使用旋转迟缓的土星来表示它,写作"ђ"。铅球那么沉,便是用铅做的。子弹的弹头也常灌有铅,因为如果太轻,在前进时受风力影响会改变方向。铅的熔点也很低,为327℃,放在煤球炉里,也会熔化成铅水。铅很容易生锈,经常是呈灰色的。它在空气中,很易被空气中的氧气氧化成灰黑色的氧化铅,使它的银白色的光泽渐渐变得暗淡无光。不过,这层氧化铅形成一层致密的薄膜,防止内部的铅进一步被氧化。也正因为这样,再加上铅的化学性

□方铅矿

质又比较稳定,因此铅不易被腐蚀。在化工厂里,常用铅来制造管道和反应罐。著名的制造硫酸的铅室法,便是因为在铅制的反应器中进行化学反应而得名的。

铅在化学工业上是一种良好的耐酸防腐材料,主要用于制造铅室、电解槽、输送管等耐酸容器。电池工业常用作铅板、铅格栅、铅粉等;电力工业广泛用作电缆导体;冶金工业用于制造各种合金;颜料工业用于制造各种颜料;无机工业用于制造各种铅盐;医疗上用作 X 光遮蔽物;原子能工业用作保护人体的遮蔽物;国防工业用于制造子弹芯子;电气工业用于制造保险丝设备等。金属铅的重要用途则是制造蓄电池。1971 年,铅的世界年产量达 308.3 万吨,其中大部分用来制造蓄电池。在蓄电池里,一块块灰黑色的负极都是用金属铅做的。正极上红棕色的粉末,也是铅的化合物即氧化铅。一个蓄电池需用几十克铅,飞机、汽车、拖拉机、坦克,都是用蓄电池做照明光源。工厂、码头、车站所用的"电瓶车"的"电瓶"便是蓄电池。金属铅还有一个奇妙的本领,能很好地阻挡 X 射线和放射性射线。在医院里,医生做 X 射线透视诊断时,胸前常有一块铅板保护着;在原子能反应堆工作的人员,也常穿着含有铅的大围裙。铅具有较好的导电性,被制成粗大的电缆,输送强大的电流。铅字是人们熟知的,以前,书便是用铅字排版印成的。然而,"铅字"并不完全是铅做的,而是使用活字合金浇铸成的。活字合金一般含有 5%~30% 的锡和 10%~20% 的锑,其余则是铅。加了锡,可降低熔点,便于浇铸。加了锑,可使铅字坚硬耐磨,特别是受冷会膨胀,使字迹清晰。保险丝也是用铅合金做的,在焊锡中也含有铅。

铅的许多化合物常用作颜料,如铬酸铅是黄色颜料,碘化铅是金色颜料,至于碳酸铅,早在古代就被用作白色颜料。考古工作者发掘到的古代壁画或泥俑,其中人脸常是黑色的。经过化学分析和考证,证明这黑色的颜料是铅的化合物即硫化铅。其实,古代涂上去的并不是黑色的硫化铅,而是白色的碳酸铅。只不过由于长期受空气中微量硫化氢或墓中尸体腐烂产生的硫化氢的作用,才逐渐变成了黑色的硫化铅。这件事一方面说明碳酸铅作为白色颜料的历史很悠久,另一方面也说明碳酸铅做白色颜料有很大的缺点就是变黑。现在，我国已不大用碳酸铅做白色颜料，而是用俗称"钛白"的二氧化钛。

　　在所有已知毒性物质中，记录最多的是铅。古书上就认为用铅管输送饮用水有危险性。近年来公众主要关心石油产品中含铅问题。颜料含铅，特别是一些老牌号的颜料含铅较高，已经造成许多死亡事件。铅和铅的化合物有

□硫化铅

毒，考古工作者在发掘古罗马的墓时，曾发现尸骨上常有一些黑斑。经化学分析，确定是硫化铅。骨头里怎么会有硫化铅呢？原来古罗马人是用铅管做自来水管。水中总溶有少量的氧气，它能与铅作用，生成微溶于水的氢氧化铅。这种自来水被喝进人体后，铅就把骨骼中的钙取代出来，积存于骨骼。久而久之，铅越积越多。人死后，尸体腐烂时产生硫化氢气体，与骨骼中的铅生成黑色的硫化铅。这件事说明铅不仅有毒，而且是积累性的。铅最易积累于人的牙床。这样，中了铅毒的人，牙床边缘便变成灰色。铅中毒使人腹痛，严重的会发展到神经错乱。正因为这样，用铅做茶壶、酒壶是不适宜的。在炼铅工厂中，要特别注意做好预防铅中毒的工作。

　　一般饮用水中铅含量的安全界限是100微克/升，后来又进一步规定自来水中可接受的铅最大浓度为50微克/升。此外，为了研究铅对人体健康的影响，科学家着手检测人体血样的铅浓度，作为是否铅中毒的先期指标。数据表明：如果饮用水接近50微克/升，那么该病人血样的铅浓度约在30微克/升以上。吃奶的婴儿要求应该更为严格，平均血铅浓度不要超过10~15微克/升。水厂处理水过程中可能加入钙和重碳酸盐以保持水呈碱性，继而减少水对输水管道的腐蚀，这个过程会带来新的风险。许多化学品在环境中滞留一段时间后可能降解为无害的最终化合物，但是铅无法再降解，一旦排入环境很长时间仍然保持其可用性。由于铅在环境中的长期持久性，

又对许多生命组织有较强的潜在性毒性，所以铅一直被列入强污染物范围。职业性铅中毒是我国常见职业中毒之一，发病率居前三位的行业是：铅冶炼和熔炼、酸式蓄电池制造和铅颜料生产。

作为一种古老重金属，金属铅、铅合金及铅化合物用途广泛，使用量大，接触面广，是主要环境和工业毒物之一，可经不同的接触方式引起不同类型中毒。生活性铅接触日益增多，如油漆家具、塑料制品、化妆品染发剂、皮蛋加工等，均含少量铅；某些地区饮用水、食物、蔬菜中含铅量高。有些地区有沿用"锡壶""腊壶"盛酒烫酒的习俗，在一个时期内连续饮用，会引起慢性或亚急性铅中毒。铅是我们生活中不可缺少的元素，但要扬长避短，合理利用，才能造福于人类。

🔶知识链接

蓄电池

蓄电池是电池中的一种，作用是把有限的电能储存起来，在合适的地方使用。工作原理是把化学能转化为电能。充电时电能转化为化学能，放电时化学能又转化为电能。电池在放电时，金属铅是负极，发生氧化反应，被氧化为硫酸铅；充电时二氧化铅是正极，发生还原反应，被还原为硫酸铅。

银器的作用

科普档案 ●元素名称:银 ●性质:具有很好的导电性、延展性和导热性,不易氧化,反射率高

银离子和含银化合物可以杀死或者抑制细菌、病毒、藻类和真菌,反应类似汞和铅,但目前其背后原理亦未解开。因为它有对抗疾病的效果,所以又被称为亲生物金属。

银,永远闪耀着月亮般的光辉,我国也常用银字来形容白而有光泽的东西,如银河、银杏、银鱼、银耳、银幕等。古代常把银与金、铜并列,称为"唯金三品"。银和黄金一样,是一种应用历史悠久的贵金属,至今已有4000多年的历史。由于银独有的优良特性,人们曾赋予它货币和装饰双重价值,英镑和新中国成立前用的银圆就是以银为主的银、铜合金。在大自然中,银常以纯银的形式存在,人们曾找到一块重达13.5吨的纯银。另外,也有以氯化物与硫化物的形式存在,常同铅、铜、锑、砷等矿石共生在一起。

银光泽柔和明亮,是少数民族和佛教、伊斯兰教徒们喜爱的装饰品。银比金活泼,虽然它在地壳中的丰度大约是黄金的15倍,但它很少以单质状态存在,因而它的发现要比金晚。在古代,人们就已经知道开采银矿,由于当时人们取得的银的量很小,使得它的价值比金还贵。公元前1780~公元前1580年间,埃及王朝的法典规定,银的价值为金的2倍,甚至到了17世纪,日本金银的价值还是相等的。银最早用来作装饰品和餐

□古代银器

具,后来才作为货币。我国考古学者从近年出土的春秋时代的青铜器当中就发现镶嵌在器具表面的"金银错",从汉代古墓中出土的银器已经十分精美。在古代,银的最大用处是充当商品交换的媒介——货币。

银与金一样,也是金属中的"贵族",被称为"贵金属",过去只被用作货币与制作装饰品,现在,银在工业上有了三项重要的用途:电镀、制镜与摄影。在一些容易锈蚀的金属表面镀上一层银,可以延长使用寿命,而且美观。镀银时,以银为正极,工件为负极,不过,不能直接用硝酸银溶液作为电解液,因为这样银离子的浓度太高,电镀速度快,银沉积快,镀上去的银很松,容易成片脱落。一般在电解液中加入氰化物,由于氰离子能与银离子形成络合物,降低了溶液中银离子的浓度,降低了负极银的沉积速度,提高了电镀质量。随着银的析出,电解液中银离子浓度下降,这时银氰络离子不断解离,源源不断地把银离子输送到溶液中,使溶液中的银离子始终保持一定的浓度。玻璃镜银光闪闪,那背面也均匀地镀着一层银。不过,这银可不是用电镀法镀上去的,而是用银镜反应镀上去的:把硝酸银的氨溶液与葡萄糖溶液倒在一起,葡萄糖是一种还原剂,它能把硝酸银中的银还原成金属银,沉淀在玻璃上,于是便制成了镜子。热水瓶胆也银光闪闪,同样是镀了银。

相传古代皇宫贵族吃饭时定要用银筷,因为他们认为银遇毒会变黑,以此来验证饭菜是否有毒。在民间,银器能验毒的说法广为流传。早在宋代著名法医学家宋慈的《洗冤集录》中就有用银针验尸的记载。时至今日,还有些人常用银筷子来检验食物中是否有毒,存在银器能验毒的传统观念,这也被当时法医检验引为准绳。银器果真能验毒吗?古人所指的毒,主要是指有剧毒的砒霜,即三氧化二砷,古代的生产技术落后,致使砒霜里都伴有少量的硫和硫化物。其所含的硫与银接触,就可起化学反应,使银针的表面生成一层黑色的"硫化银"。到了现代,生产砒霜的技术比古代要进步得多,提炼很纯净,不再掺有硫和硫化物。银金属化学性质很稳定,在通常的条件下不会与砒霜起反应。可见,古人用银器验毒是受到历史与科学限制的缘故。有的物品并不含毒,但却含许多硫,比如鸡蛋黄,银针插进去也会变黑。

相反,有些是很毒的物品,但却不含硫,比如毒草、亚硝酸盐、农药、毒鼠药、氰化物等,银针与它们接触,却不会出现黑色反应。因此,银针不能鉴别毒物,更不能用来作为验毒的工具。银虽不能验毒,然而却能消毒。每升水中只要含有五千万分之一毫克的银离子,便可使水中大部分细菌致死。其原理是,银在水中可形成带正电荷的离子,能吸附水中细菌,并逐步进入细菌体内,使它的催化剂——酶系统封闭、失活,使细菌失去代谢能力而死亡。

□纯银饰品

银有很强的杀菌能力,公元前300多年,希腊王国皇帝亚历山大带领军队东征时,受到热带痢疾的感染,大多数士兵得病死亡,东征被迫终止。但是,皇帝和军官们却很少染疾。这个谜直到现代才被解开。原来皇帝和军官们的餐具都是用银制造的,而士兵的餐具都是用锡制造的。银在水中能分解出极微量的银离子,这种银离子能吸附水中的微生物,使微生物赖以呼吸的酶失去作用,从而杀死微生物。银离子的杀菌能力十分惊人,十亿分之几毫克的银就能净化1千克水。普通的抗生素仅能杀死6种不同的病原体,而含银的抗生素则能杀死650种以上的病原体。所以,人类在2000年前就知道用银片作外科手术的良药、用银煮水治病。

银离子和含银化合物可以杀死或者抑制细菌、病毒、藻类和真菌,反应类似汞和铅,但目前其背后原理亦未解开。因为它有对抗疾病的效果,所以又被称为亲生物金属。我国内蒙古一带的牧民,常用银碗盛马奶,可以长期保存而不变酸。这是由于有极少量的银以银离子的形式溶于水。银离子能杀菌,每升水中只要含有一千亿分之二克的银离子,便足以使大多数细菌死亡。古埃及人在2000多年前,也已知道把银片覆盖在伤口上进行杀菌。在现代,人们用银丝织成银"纱布",包扎伤门,用来医治某些皮肤创伤或难治的溃疡。

银不会与氧气直接化合,化学性质十分稳定。奇怪的是,1902 年 2 月,在拉丁美洲古巴附近的马提尼岛上,银器在几天之内都发黑了。后来查明,原来火山爆发了,火山气中含有少量硫化氢,它与银作用生成黑色的硫化银。平常,空气中也含有微量的硫化氢,因此,银器在空气中放久了,表面也会渐渐变暗,发黑。另外,空气中夹杂着微量的臭氧,它也能和银直接作用,生成黑色的氧化银。正因为这样,古代的银器到了现在,表面不像古金器那么明亮。不过,含有 30%钯的银钯合金,遇硫化氢不发黑,常被用来制作假牙及装饰品。银在稀盐酸或稀硫酸中不会被腐蚀。但是,热的浓硫酸、浓盐酸能溶解银。至于硝酸,更能溶解银。不过,银能耐碱,所以在化学实验室中,熔融氢氧化钾或氢氧化钠时,常用银坩埚。

用银作碗、筷使用于日常生活中仍是大有好处的。而银器验毒的说法是不太科学的。

📖**知识链接**

素 银

素银在行业上称白金,能够最大可能地延缓银在氧化或硫化情况下变黄变黑的特性。行业上把没有外镀白金的 925 银称为"素银",素银在空气中比较容易氧化。泰银是泰国特产,外表缺乏光亮度,追求一种"古""旧"的"古银"效果。藏银一般不含银的成分,是白铜的雅称,传统上的藏银为 30%银加上 70%的铜。

钛的神奇功效

科普档案 ●元素名称:钛 　　●性质:导热性和导电性能较差,有可塑性,但强度低

　　很久以来,人们曾认为钛极其稀少,一直把它称为"稀有金属"。其实,钛占地壳元素组成的千分之六,是第四位大量存在的金属。不但地球上有钛,从月球上采集的岩石标本中也含有丰富的钛。

　　很久以来,人们曾认为钛极其稀少,一直把它称为"稀有金属"。其实,钛占地壳元素组成的千分之六,是第四位大量存在的金属。不但地球上有钛,从月球上采集的岩石标本中也含有丰富的钛。

　　钛比铝密度大一点,但硬度却比铝高2倍。如制成合金,则强度可提高2~4倍。因此,它非常适于制作飞机、航天器的外壳及有关部件等。目前,世界上每年用于宇航工业的钛已达到1000吨以上。在美国"阿波罗"宇宙飞船中,使用的钛材料占整个材料的5%。因此钛常被称为"空间金属"。钛不但能帮助人类上天,还能帮助人类下海。由于它既能抗腐蚀,又具有高强度,还可避免磁性水雷的攻击,因此钛成了造军舰和潜艇的好材料。1977年,苏联用3500多吨钛建造当时世界上速度最快的核潜艇;美国海军用铁合金制成深海潜艇,能在4500米的深海中航行。

　　钛和一些金属制成合金在低温下会出现几乎没有电阻、通电也不发热的"超导现象"。这在电信工业上是极为宝贵的。如铁和钛制成的合金,是目前使用最广、研究也最多的一种超导材料。钛有这样一种非常难得的性质:如果把它植入人体,能和人体的各种生理组织及具有酸、碱性的各种体液"友好相处",不会引起任何副作用。这种高度稳定性和与人类骨骼差不多的比重,使它成为外科医生最理想的人造骨骼的材料。钛还有许多非凡的本领。例如,有的钛合金居然具有"吸气"的能耐,能大量吸收氢气,成为储

存氢气的好材料，为氢气的利用创造了条件；有的钛合金具有"超塑性"，可以很容易地加工成任何形状等。

由于钛在提炼方法和应用加工上还有许多问题需要解决，世界上成千上万的科学家仍在努力探索这位"大地女神之子"的奥秘。随着科技水平的提高，钛的

□海绵钛

冶炼提纯方法将会得到改进，在不久的将来，钛的产量也会迅速增加，成为仅次于铁和铝的"第三金属"；钛的应用也会更加广泛，成为名副其实的"21世纪金属"，"大地女神之子"将更加光彩夺目。

钛元素发现于 1789 年，1908 年挪威和美国开始用硫酸法生产钛白，1910 年在试验室中第一次用钠法制得海绵钛，1948 年美国杜邦公司用镁法成吨生产海绵钛——这标志着海绵钛即钛工业化生产的开始。中国钛工业起步于 20 世纪 50 年代。1954 年北京有色金属研究总院开始进行海绵钛制备工艺研究，1956 年国家把钛当作战略金属列入了 12 年发展规划，1958 年在抚顺铝厂实现了海绵钛工业试验，成立了中国第一个海绵钛生产车间。先后建设了以遵义钛厂为代表的 10 余家海绵钛生产单位，建设了以宝鸡有色金属加工厂为代表的数家钛材加工单位，同时也形成了以北京有色金属研究总院为代表的科研力量，成为继美国、苏联和日本之后的第四个具有完整钛工业体系的国家。

钛的最大缺点是难于提炼，主要是因为钛在高温下化合能力极强，可以与氧、碳、氮以及其他许多元素化合。因此，不论在冶炼或者铸造的时候，人们都要小心地防止这些元素"侵袭"钛。在冶炼钛的时候，空气与水当然是严格禁止接近的，甚至连冶金上常用的氧化铝坩埚也禁止使用，因为钛会从氧化铝里夺取氧。现在，人们利用镁与四氯化钛在惰性气体氦气或氩

气中互相作用来提炼钛。在炼钢的时候，氮很容易溶解在钢水里，当钢锭冷却的时候，钢锭中就形成气泡，影响钢的质量。所以炼钢工人利用钛在高温下化合能力极强的特点，往钢水里加进金属钛，使它与氮化合，变成炉渣——氮化钛，浮在钢水表面，这样钢锭就比较纯净了。

当超音速飞机飞行时，它的机翼的温度可以达到 $500℃$。如用比较耐热的铝合金制造机翼，一到两三百度也会吃不消，必须有一种又轻、又韧、又耐高温的材料来代替铝合金，而钛恰好能够满足这些要求。钛还能经得住 $-100℃$ 的考验，在这种低温下，钛仍旧有很好的韧性而不发脆。利用钛和锆对空气的强大吸收力，可以除去空气造成真空。比如，利用钛制成的真空泵，可以把空气抽到只剩下十万亿分之一。

钛的氧化物二氧化钛是雪白的粉末，是最好的白色颜料，俗称钛白。以前，人们开采钛矿，主要目的便是获得二氧化钛。钛白的黏附力强，不易起化学变化，永远是雪白的。特别可贵的是钛白无毒。它的熔点很高，被用来制造耐火玻璃、釉料、珐琅、陶土、耐高温的实验器皿等。二氧化钛是世界上最白的东西，1 克二氧化钛可以把 450 多平方厘米的面积涂得雪白。它比常用的白颜料锌钡白还要白 5 倍，因此是调制白油漆的最好颜料。世界上用作颜料的二氧化钛，一年多到几十万吨。二氧化钛可以加在纸里，使纸变白并且不透明，效果比其他物质大 10 倍，因此，钞票纸和美术品用纸就要加二氧化钛。此外，为了使塑料的颜色变浅，使人造丝光泽柔和，有时也要添加二氧化钛。在橡胶工业上，二氧化钛还被用作白色橡胶的填料。

四氯化钛是一种有趣的液体，它有股刺鼻的气味，在潮湿空气中便会冒大量白烟——它水解了，变成白色的二氧化钛的水凝胶。在军事上，人们便利用四氯化钛的这股怪脾气，将它作为人造烟雾剂。特别是在海洋上，水汽多，一放四氯化钛，浓烟就像一道白色的长城，挡住了敌人的视

□ 钛矿石

线。在农业上，人们利用四氯化钛来防霜。钛酸钡晶体有这样的特性：当它受压力而改变形状的时候，会产生电流，一通电又会改变形状。于是，人们把钛酸钡放在超声波中，它受压便产生电流，由它所产生的电流的大小可以测知超声波的强弱。相反，用高频电流通过它，则可以产生超声波。现在，几乎所有的超声波仪器中，都要用到钛酸钡。除此之外，钛酸钡还有许多用途。例如，铁路工人把它放在铁轨下面，来测量火车通过时候的压力；医生用它制成脉搏记录器。用钛酸钡做的水底探测器，是锐利的水下眼睛，它不仅能够看到鱼群，而且还可以看到水底下的暗礁、冰山和敌人的潜水艇等。

冶炼钛时，要经过复杂的步骤。把钛铁矿变成四氯化钛，再放到密封的不锈钢罐中，充以氩气，使它们与金属镁反应，就得到海绵钛。这种多孔的海绵钛是不能直接使用的，还必须把它们在电炉中熔化成液体，才能铸成钛锭。

💠知识链接

宝贵的砂石

海滩上有成亿吨的砂石，钛和锆这两种比砂石重的矿物，就混杂在砂石中，经过海水千百万年昼夜不停地淘洗，把比较重的钛铁矿和锆英砂矿冲在一起，在漫长的海岸边，形成了一片一片的钛矿层和锆矿层。这种矿层是一种黑色的沙子，通常有几厘米到几十厘米厚。

味精里的谷氨酸钠

科普档案 ●**元素名称:**谷氨酸钠　　　●**性质:**无色无味,易溶于水,难溶于乙醇和乙醚,不吸潮

味精是调味料的一种,主要成分为谷氨酸钠。谷氨酸钠也叫神经兴奋剂,它会影响神经细胞间的信息传送。味精易溶于水,味道鲜美,但食用需适度,不能忽视健康。

味精是调味料的一种,主要成分为谷氨酸钠。放味精的最佳时段是食物快出锅时,如果在100℃以上的高温中使用味精,鲜味剂谷氨酸钠会转变为对人体有致癌性的焦谷氨酸钠。由于炒菜时油温一般在150℃~200℃,这会使味精变成有毒性的焦化谷氨酸钠,所以,对于加入味精的"半成品"配菜的烹饪,应以蒸、煮为妥。如果在碱性环境中,味精会起化学反应产生一种叫谷氨酸二钠的物质,所以要适当地使用和存放。

到底是谁发现了味精,并且让它受到千家万户的钟爱,使人们的味觉在酸甜苦辣咸上,又增添了一抹"鲜"?味精的发明纯属一种偶然。1908年的一天中午,日本大学的化学教授池田菊苗坐到餐桌前。由于在上午完成了一个难度较高的实验,此刻他的心情特别舒畅,因此当妻子端上来一盘海带黄瓜片汤时,池田一反往常的快节奏饮食习惯,竟有滋有味地慢慢品尝起来。池田一品,发现今天的汤味道特别鲜美,开始他还以为是今天心情特别好的缘故,再喝上几口觉得确实是鲜。"这海带和黄瓜都是极普通的食物,怎么会产生这样的鲜味呢?"职业敏感使池田一离开饭桌,就又钻进了实验室里。半年后,池田从海带中提取出一种叫作谷氨酸钠的物质,只要把极少量的谷氨酸钠加到汤里去,就能使味道鲜美至极。后来,通过与一位叫作铃木三朗助的日本商人合作,一种叫"味之素"的商品出现在东京浅草的一家店铺里,这就是味精的"鼻祖",而且广告做得大大的——"家有味之

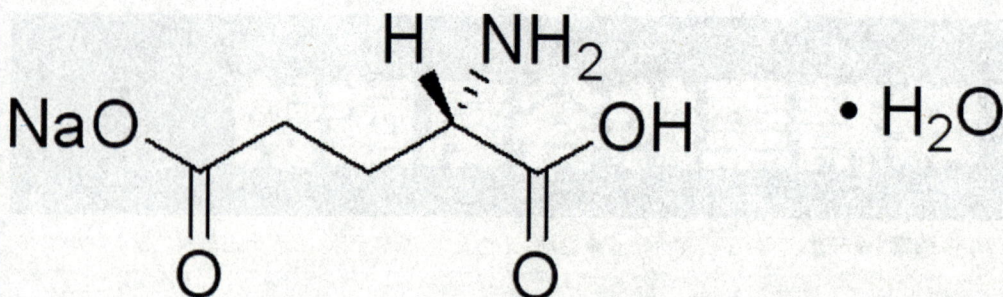

□谷氨酸钠分子结构

素,白水变鸡汁"。一时间,购买"味之素"的人差一点挤破了店铺的大门。

日本人的"味之素"很快就传到了中国。这种奇妙的白色晶体打动了一位名叫吴蕴初的化学工程师的心。他买了一瓶回去研究,一化验,原来就是谷氨酸钠。吴蕴初把他制得的"味之素"叫作"味精"。1923 年,吴蕴初在上海创立了天厨味精厂,向市场推出了中国的"味之素"——"佛手牌"味精。以后,佛手牌味精不仅畅销于中国市场,还打进了美国市场。吴蕴初也获得了一个"味精大王"的称号。此后,中国人就和味精结下了不解之缘。继味精之后,各个厂家又在此基础上开发了鸡精、蘑菇精、牛肉精等调味用品,还包括各种复合调味料(汤料等),这些产品,为世界上超过 20 亿人提供了鲜美的味觉体验。很多人认为,味精只是中餐或日餐的必备,毕竟欧美国家一直崇尚用天然调料,其实,许多欧美食品中都有味精的踪影。大多数美国产罐装汤、鸡肉牛肉、薯条薯片以及众多冷却食品和方便食品中都含有味精或其衍生产品。

谷氨酸钠是味精的主要成分,不要一看它的名字这么长,就觉得头疼。其实很简单,谷氨酸是一种氨基酸,而钠是一种金属,谷氨酸钠是一种由钠离子与谷氨酸根离子形成的盐。说得更简单一些,如果熬汤的时候,您熬的不是青菜豆腐汤,而是一锅鸡汤的话,您可能会有这种经验——往鸡汤中加一些盐,味道会更加鲜美。这是因为鸡肉当中富含谷氨酸这种氨基酸,又放了一些氯化钠盐进去,便在不知不觉当中就制造了谷氨酸钠。谷氨酸钠被用来作为增味剂,添加在许多食品中增加其原有的味道。除了谷氨酸钠,谷氨酸及其他盐也有同样的作用。"鲜"已经被科学认定为除了甜、酸、咸和苦以外的第五种基本味道。由于谷氨酸盐是蛋白质的主要组成成分，因此在所有含有蛋白质的食物如家禽肉、海产品、蔬菜和奶制品中均天然含有谷氨酸盐。自然的谷氨酸盐就被传统地用来增加食品的鲜味。谷氨酸盐在食物中的使用量通常为 0.1%~0.8% 之间。谷氨酸是组成蛋白质的 20 种氨基酸之一。从营养的角度讲，也叫作非必需氨基酸，因为它可以被人体自身合成。谷氨酸盐存在于许多食品中，在肉、鱼、蔬菜、谷物产品里以蛋白质结合态形式存在，在西红柿、奶、土豆、豆酱和奶酪里以自由态形式存在。

　　在过去相当长的一段时间里，味精对健康有益还是有害，一直是人们争论的焦点。食用味精在正常范围内不会对健康有任何损害，但食用过多会使部分人，尤其是西方人，出现中毒症状。所以要适量使用，一般以每人每天不超过 20 克为宜。味精的出现至今已有 100 多年的历史了。目前，国外均是以糖、蜜作为原料来生产味精，而在我国，用的是玉米或者大米这样的粮食作物来生产味精。味精对人体是无害的，而且富含营养，那么，它到底是怎么产生鲜味的呢？原来，在人的味觉器官当中，有一个专门的氨基酸受体。味精是一种氨基酸盐，当它被用于菜肴而被人们食用的时候，就会刺激位于我们舌部味蕾上的氨基酸受体，这样我们就可以感到可口的鲜味了。蔬菜当中富含多种维生素，非常有营养，但是还有很多人只喜欢吃肉，不喜欢吃菜，甚至有人没有肉连饭都吃不下去，时间长了就会造成厌食和偏食。为什么呢？这是因为肉中富含谷氨酸，味道较重，而蔬菜就比较素淡，所以，肉吃多了，谁愿意再去吃淡而无味的蔬菜呢？因此，我们在炒菜的时候，稍微放一些味精，就可以使蔬菜的味道更好，使人们更愿意吃它，从而抑制厌食症与偏食症的发生。中国的药膳

□谷氨酸钠

学认为,味精可以增进食欲,改善体质,也是这个道理。

1994年欧尔尼博士提出了谷氨酸钠的环境荷尔蒙作用。零岁到三四岁婴儿的大脑处于最快的发育时期,这一时期对于任何人来说都是非常重要的。这个时期每天食用含有谷氨酸钠的食物,饮用含有谷氨酸钠的饮料,接受谷氨酸钠的反复刺激,即使没有引起脑损伤,也会扰乱内分泌系统,给生长和发育带来不良影响。所以我们应就谷氨酸钠具有的扰乱内分泌的作用敲响警钟。谷氨酸钠也叫作神经兴奋剂,因为它会影响神经细胞间的信息传送。当其在血液中以微量的浓度存在时,是不会对身体有什么影响的。但是,如果一次性大量进入大脑的话,其浓度很快上升,导致神经细胞受到过分刺激而死亡。白砂糖也是如此,微量摄取不会有什么影响,但一段时间内大量高浓度进入体内,就会起到有害的作用。

味精虽然能使食物变得美味可口,但食用过量所产生的副作用不容小觑。因此,我们食用味精一定要适量。

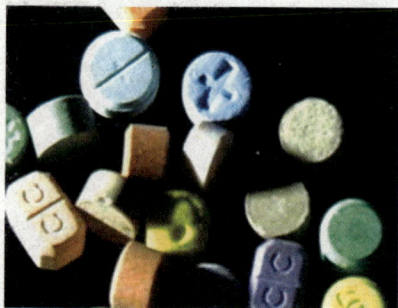

🔖 知识链接

兴奋剂

兴奋剂原意为"供赛马使用的一种鸦片麻醉混合剂"。由于运动员为提高成绩而最早服用的药物大多属于兴奋剂药物——刺激剂类,所以尽管后来被禁用的其他类型药物并不都具有兴奋性,甚至有的还具有抑制性,国际上对禁用药物仍习惯沿用兴奋剂的称谓。

绿色冶金技术的发展

科普档案 ●化学名称:绿色冶金技术　　●性质:通过植物和细菌获得人类所需金属,改善环境

在相当长的时间里,人们只着眼于金属产量的增加,忽视了环保,一些工业发展较快的国家,环境污染事件频繁发生。研究"绿色冶金"技术是实现冶金可持续发展的有效途径。

在相当长的时间里,人们只着眼于金属产量的增加,忽视了环保,一些工业发展较快的国家,环境污染事件频繁发生。我国重点控制的 12 种危害严重的污染物中,重金属占 6 种。如大量的含铜、镍、锌、铬、铁等多组分重金属危险废弃物,由于重金属废弃物处理技术难度大,国内外尚无有效的深度回收治理方法。研究"绿色冶金"技术是实现重有色冶金可持续发展的有效途径。

目前发展迅猛的"绿色冶金"技术主要有植物冶金和细菌冶金。植物在千百万年漫长的进化演变过程中,已经练就了一身非凡绝招,许多植物有累积某些金属元素的能力。如香薷含铜比较丰富,烟草含铀特别多,紫云英含硒、苜蓿含钽、石松含锰格外丰富。有些植物能累积稀有金属,如铬、镧、钇、铌、钍等,被称为"绿色稀有金属库"。它们对稀有金属的聚集能力要比一般植物高出几十倍、成百倍,甚至上千倍。比如铬,在一般植物中用光谱检测也很难发现,而凤眼兰却能在根上累积铬,其含量可达到 0.13%。俄罗斯生物学家梅格列特在研究一种叫蓼的一年生草本植物时,意外发现蓼的叶子中含有异常高的锌、铅、镉等金属。这是否表明蓼有从土壤中吸收这些金属的"嗜好"呢? 于是他带着这个疑问,在一些被锌、铅、镉之类金属污染过的土地上种了大量蓼。这些蓼长得非常茂盛,叶子又大又厚。梅格列特将蓼草放入 800℃ 的炉子里烧成灰,结果从中得到了 1.3 千克镉、23 千克铅、

322千克锌。

其实,自然界可以聚集矿物的植物何止这些植物。海洋中的海带,吸收了海水中的碘,只要我们把海带烧成灰,便可以从它的灰分中提炼出大量的碘来;有一种名叫紫甘信的牧草,它具有吸收金属钽的特殊本领,将40公顷的紫甘信烧成灰,就可以提炼到200克的钽;我们常吃的玉米,也能把土壤中的金子吸收到颗粒中储藏,把玉米种在含金的土壤里就可富集金,从1000千克的玉米里可以得到10克的黄金;向日葵吸收的钾、车前草吸收的锌、黄藤草吸收的锡、烟草中吸收的锂等,其灰分中金属的含量都达到了工业品位。这一系列的发现引起了科学家们的极大兴趣,被人们称为"绿色冶金"技术。人类将有可能通过种植植物来获得所需的金属,同时还可以改善遭受人类破坏的环境。

一提到细菌,人们往往会想到那些危害人类健康的细菌,如霍乱菌、结核菌等,然而并不是所有的细菌都是坏东西,有不少细菌还是人类的好朋友呢!如酵母菌能为我们酿出美味的葡萄酒,有的细菌能将石油变为蛋白质,将空气变为氮肥,真有"点石为金,变废为宝"的神通呢!由于细菌具有这种特殊的功能,它已成为人类用来战胜疾病、征服自然的工具,人们还利用细菌"吃"金属的本领,开创了从矿石中提取金属的新技术。体积小到肉眼看不见的细菌,竟能大规模地从矿石中采集出各种有用金属,这不能不令人惊叹不已。

能"吃"铁的细菌最早发现于1905年,德国的德里斯顿的大量自来水管被阻塞了,拆修时发现管内沉积了大量铁末。科学家在显微镜下从铁末中找到了一种微小的细菌,这种细菌能分解铁的化合物,并把分解出来的铁质"吃下去"。这些"贪吃"的细菌因"暴食"而死,铁末沉积在管内。该类菌在富含铁的水中尤为普遍。铁细菌能把水中溶解的亚铁氧化成高价铁

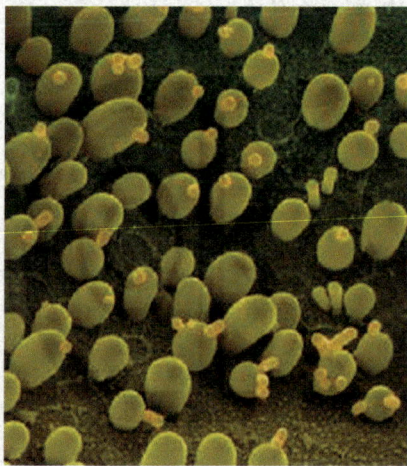
□酵母菌

形式，沉积于菌体内或菌体周围，并从中取得能量进行自养生活，铁细菌常在水管内壁附着生长，形成结瘤，所以它们不仅能造成机械堵塞，而且还能形成氧浓差电池腐蚀管道，并出现"红水"，恶化水质。科学家们还发现

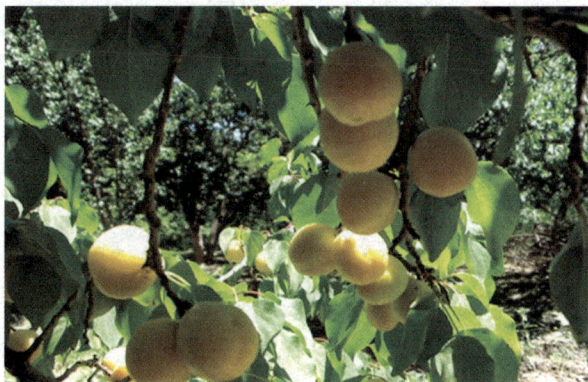
□植物能积累稀有金属

有一种能"吃"硫的细菌。它们生活在矿井的水中，专靠"吃"金属化合物中的硫而生存。

能"吃"铁的细菌和能"吃"硫的细菌的发现，引起了各国冶金学家的极大兴趣。他们设想在矿山大量繁殖能"吃"金属的细菌，通过细菌直接来提炼各种金属，这样就比从矿石中冶炼金属方便多了。于是一门新兴的技术——细菌冶金便产生了。细菌冶金又称微生物浸矿，是近代冶金工业上的一种新工艺。它主要是应用细菌法溶浸贫矿、废矿、尾矿和大冶炉渣等，以回收某些贵重有色金属和稀有金属，达到防止矿产资源流失，最大限度地利用矿藏的一种冶金方法。有关细菌冶金的原理，至今仍在探讨之中，这里仅举一例说明其反应过程：硫酸和硫酸铁溶液是一般硫化物矿和其他矿物化学浸提法中普遍使用的有效溶剂。氧化硫硫杆菌和聚硫杆菌能把矿石中的硫氧化成硫酸，氧化亚铁硫杆菌能把硫酸亚铁氧化成硫酸铁。

通过反应细菌得到所需能量，而硫酸铁可将矿石中的铁或铜等转变为可溶性化合物而从矿石中溶解出来。有关的金属硫化物经细菌溶浸后，收集含酸溶液，通过置换、萃取、电解或离子交换等方法将各种金属加以浓缩和沉淀。在自然界，微生物在多种元素的循环当中起着重要作用，地球上许多矿物的迁移和矿床的形成都和微生物的活动有关。它不产生二氧化硫等有害气体，投资少，能耗低，试剂消耗少，能经济地处理低品位、难处理的矿石。目前，这种方法仍处于发展之中，它还必须克服自身的一些局限性，如反应速度慢、细菌对环境的适应性差，超出了一定的温度范围细菌难以成

活,经不起搅拌等。为此,一些科学家建议应从遗传工程方面开展工作,通过基因工程得到性能优良的菌种。相信在不远的将来,生物细菌冶金一定会得到更加广泛的应用。

除细菌浸铜、细菌浸铁以外,细菌浸铀、细菌浸锌、细菌浸金、细菌浸锰等,近年来也在一些国家日益发展起来,并已取得了一定成果。我国在采矿工业中应用先进的细菌冶金技术,也已取得了显著的成绩。如四川南汇铜矿用自然培养铜细菌循环浸出工艺,首次浸铜成功,浸出率高达 46%,1 吨海绵铜成本仅为普通炼钢法的 1/3。由于植物采矿和细菌冶金可以充分利用资源和废物,能耗少、环境污染轻,是事半功倍、高效的采矿冶金方法,因此,人们称它们为"绿色冶金"。

随着人类文明向前推进,任何一个环境污染严重的冶金工艺总要被淘汰,取而代之的是一个较为清洁的新工艺。因此,有远见的科学家,应该将自己的研究重点移到无污染的"绿色冶金"工艺上去,让我们的地球家园更加清洁,更加美丽!

🔖 知识链接

凤眼兰

凤眼兰别名水浮莲、石莲、水葫芦等。浮于水或生于泥土中。根状茎短粗,长着多数细长须根。叶柄长短不一,叶片直立,卵心形或近扁圆形。夏秋开紫蓝色花,花葶直立,长 15～30 厘米,此花具有清热解暑、利尿消肿的功效。

玻璃畅想曲

科普档案 ●化学名称:玻璃 ●性质:折射吸收光线,抗拉,抗腐蚀,导热性差

从首次制成玻璃到发展成为当今的玻璃世界,其间经历了漫长的岁月。玻璃到底诞生于何时,连考古学家也说不准。

从首次制成玻璃到发展成为当今的玻璃世界,其间经历了漫长的岁月。玻璃到底诞生于何时,连考古学家也说不准。

约在公元前1600年,埃及已兴起了正规的玻璃手工业,当时首批生产的有玻璃珠和花瓶。然而,由于熔炼工艺不成熟,玻璃还不透明,直到公元前1300年,玻璃才能做得略透光线。当人类刚刚学会计算时间时,腓尼基人发现玻璃能够用吹制法制造。罗马人和腓尼基人掌握了一整套玻璃制造方法,他们还学会了研磨、钻孔和雕刻。10世纪时,叙利亚的玻璃制品曾誉满全球。到了21世纪,阿拉伯人的玻璃艺术器占领了整个欧洲市场。

信息时代的今天,人们需要舒适、安静的工作和生活环境,特别重视防止噪声、抗热、防火、防盗以及防止放射线的辐射。现代化高层建筑的窗户都装有反射率较大的涂膜玻璃,其涂层可防止大量的热辐射。另一种充满空气的多层玻璃还有明显降低导热性的作用。美国茨舒特公司研制的有三层玻璃板的隔热玻璃,其隔热性能可与一堵厚40余厘米的砖墙相媲美。还有一种多层玻璃系统,能把飞机场的轰鸣声降到住宅区夜深人静时的水平。"全防"玻璃及其他防弹玻璃既不怕猛烈的拳击,也抵得住枪弹的冲击。该玻璃由不同强度的玻璃层组成,各层间夹有质地坚韧的合成物质。在德国汉诺威举行的国际建筑专业会上,展示了一种新的防火玻璃:它可在30分钟内透不过火焰和燃气,能经得起140℃的温度。该玻璃由数块玻璃板复

□氟化物玻璃

合而成，总厚度15毫米，中间夹有无色透明体。遇到火灾时，受热侧玻璃碎掉后，中间立即会发泡，使玻璃失去透明性，变成又硬又厚的隔热板，马上和另一侧的玻璃紧紧地黏合在一起，增强了玻璃复合体的强度，直到熔化后掉下来为止。这种防火玻璃可用于甲板防火的船舶中和建筑物上，它们除了做窗玻璃外，还可作隔火墙、隔音板和甲板。

卫星技术和光导纤维技术将是新世纪的两大中心技术，而氟化物玻璃将在光导纤维技术中发挥奇特的作用。氟化物光导纤维的出现，大杀石英光纤昔日的威风。因为在远距离通信，尤其在海底通信中，氟化物光导纤维由于其损耗极小，可在数千米范围内免除一切中继站。氟化物玻璃除用于远距离通信外，在医学、国防等领域也将发挥巨大的作用。例如用它制成的测温计，不但能精确地测量高温，还能出色地测量低温，这就使目前常用的石英测温计大为逊色。

用氟化物玻璃制成的呼吸气体分析仪，可用来对处于麻醉状态下的患者所呼出的气体的浓度进行即时分析，以尽可能减少手术中的危险率。更神奇的是，氟化物玻璃还可用来治疗癌症：因为当癌细胞的温度略低于周围正常细胞的温度时，癌细胞就会被破坏。因此，只需找到一种方法，如采用透红外线的氟化物光导纤维医疗器械，精确地控制周围细胞内部的注入能量，使其温度略高于癌细胞的温度，就能取得治疗癌症的效果。氟化物玻璃的诞生，犹如在光纤技术世界发现了新大陆，引起了国际科学界的关注。

美国康宁玻璃公司找到了制作新型光敏玻璃的方法，它可用于高技术领域，从制造高级光学器件到生产集成电路芯片用的掩模。其原理很简单：将光敏化学试剂引入玻璃体中，使之曝光加热，所用的化学试剂几乎全部由羰基金属类化合物组成。试剂曝光后,留下它的半裸金属原子。金属原子不"喜欢"单独存在,而到处寻找一些物质,以取代它失去的羰基。金属原子所能获得的就是它周围的玻璃,故而金属原子与玻璃结合在一起。当玻璃加热到200℃时,受光照射的化学试剂留存下来,而未曝光的试剂则被除去,相当于"固定"普通的照相图像。光敏玻璃的后起之秀的另一应用领域是在光学系统的衍射光栅方面。光栅是光学仪器的心脏,它能将普通光分解成单色光。其传统制法是将分隔狭窄的各线条刻入一片玻璃的表面。如今在这种光敏玻璃表面上产生图像的线条可以起到同样的作用,而且制备较容易。在玻璃处理过程中,如用其他的光敏试剂,还可使制成的玻璃产生不同的效果。利用这种特性,可以做成复杂的透镜阵列,最引人注目的是在光通信方面。因为利用器件中玻璃折射率的可控变化,能消除光信号通过纤维光缆中的畸变。

未来的玻璃在能源方面的应用包括太阳能、激光核聚变以及核能三方面。在太阳能利用方面,发展高效、耐久和低成本的平板太阳能收集器对于大规模利用太阳能来为民用建筑服务是必不可少的。通常平板收集器中的黑色吸收板同透明玻璃盖板之间被空气隔开。为了减少对流损耗,可以采用第二块玻璃板。降低平板玻璃中的铁含量和开发新型的防反射涂层或低反射表面,将有利于提高太阳能收集器的效率。现在,激光诱发聚变与磁控聚变相结合,成为产生可控热核能的主要途径。激光诱发聚变就是使激光束按各向同性将氘和氚混合固体微球产生爆聚,使之致密,其密度是液态时的1万倍左右。玻璃在这类核聚变中起了两种作用:一是用于高功率钕玻璃激光器,二是用来作

□激光核聚变

为氘和氚混合物容器的空心玻璃微球。这种玻璃不仅对水溶液必须有惰性和高的机械强度,而且在储藏过程中由于核裂变的继续进行,玻璃在长时间的高温下必须保持结构稳定。玻璃也可应用于另外一个截然不同的领域。这就是在德国以产白葡萄酒著称的莱茵河流域,有一个叫蓝泽海姆的葡萄种植与酿造研究所。他们试验出酿酒不必再在传统的木桶内发酵,可以用大量的硼硅酸盐玻璃取而代之。以这种方式酿出的酒几乎没有氧化,味美清香可口。

玻璃在当代科学技术与我们的物质文化生活中的地位日益显得重要,它将不断造福于人类;我们也越来越离不开琳琅满目的玻璃世界。那么,再过 10 年、20 年,我们的玻璃世界将以怎样的面貌出现呢? 让我们展开幻想的翅膀,科学地、大胆地提出各种美好的、富有诗意的设想。目前对非晶态固体材料的认识, 以及对这些材料结构能作精细分析的实验手段日臻完善。时代赋予我们的责任,要求我们能像过去的生物化学家对待核糖核酸病毒等那样,能提供详尽的玻璃结构信息。我们也希望设计能和设想结合起来,并反馈为光、电、磁、生物等功能材料。玻璃世界的未来,将会构成一部绝妙的畅想曲。

🔖知识链接

如何擦玻璃

擦拭玻璃的程序是先用毛巾将玻璃框擦干净,再用玻璃刮蘸稀释后的玻璃水溶液,均匀地从上到下涂抹玻璃,再重复以上工序,用玻璃刮从上到下刮干净,用干毛巾擦净框上留下的水痕,玻璃上的水痕一定要用玻璃刮擦干净,否则将会在玻璃上留下一道道痕迹。

化学界的黑客

科普档案　●化学名称:化学武器　　　●性质:杀伤力大,破坏力强,环境局限性大

　　化学武器是以毒剂的毒害作用杀伤有生力量的各种武器、器材的总称,是一种大规模杀伤性武器。化学武器在第一次世界大战期间逐步形成具有重要军事意义的制式武器。

　　化学武器是以毒剂的毒害作用杀伤有生力量的各种武器、器材的总称,是一种大规模杀伤性武器。

　　化学武器是在第一次世界大战期间逐步形成具有重要军事意义的制式武器的。包括装备各军种、兵种的装有毒剂的化学炮弹、航空炸弹、火箭弹、导弹、枪榴弹、地雷、布毒车、毒烟罐、航空布洒器和气溶胶发生器,以及装有毒剂前体的二元化学弹药。可灵活机动地实施远距离、大纵深和大规模的化学袭击。按毒剂的分散方式,化学武器可分为爆炸分散型、热分散型、布撒型。爆炸分散型,通常由弹体、毒剂、炸药、爆管和引信组成,借助炸药爆炸的力量,把毒剂分散成气雾状和液滴状。热分散型,通常以烟火型、火药的化学反应产生的热源或高速热气流,将毒剂蒸发或升华,形成气溶胶。布撒型,通常由毒剂容器和火药或压缩空气压源装置等组成。

　　军用毒剂是化学武器的基本组成部分,按毒理作用分为 6 类:神经性毒剂、糜烂性毒剂、窒息性毒剂、全身中毒性毒剂、刺激性毒剂、失能性毒剂。其作用是将毒剂分散成蒸汽、液滴、气溶胶或粉末状态,使空气、地面、水源、军事技术装备、器材和物资等染毒,以杀伤、疲惫敌方有生力量,迟滞敌方军事行动。其优点是杀伤途径多、范围广,持续时间长;其缺点是受气象、地形条件影响较大。与常规武器相比,它的特点是:杀伤途径多,可经口、鼻、皮肤中毒;持续时间长,可延续几分钟、几小时,甚至几天、几十天;

杀伤范围广,染毒空气可随风扩散,渗入无防护设施的工事、舱室,滞留于沟壑和低洼处。同核武器相比,化学武器造价低,来源方便。比如,以 $1km^2$ 面积内杀伤人畜计算,常规武器需 2000 美元,核武器需 800 美元,化学武器仅需 600 美元;但恶劣气候条件和不同地形地物都会影响或限制某些化学武器的使用。它们有许多特点,中毒途径多:毒气可呈气、烟、雾、液态使用,通过呼吸道吸入、皮肤渗透、误食染毒食品等多种途径使人员中毒。杀伤范围广:染毒空气无孔不入,所经过之处都有杀伤效果。作用时间长:液体毒剂污染地面和物品,毒害作用可持续几小时至几天,有的甚至达数周。制约因素多:化学武器虽然是大规模杀伤武器,但天气和地形地物对毒剂的杀伤效果都有影响。

基本毒剂是神经性毒剂,为有机磷酸酯类衍生物,分为 G 类和 V 类神经毒。G 类神经毒是指甲氟膦酸烷酯或二烷氨基氰膦酸烷酯类毒剂。主要代表物有塔崩、沙林、梭曼,V 类神经毒是指二烷氨基乙基甲基硫代膦酸烷酯类毒剂,主要代表物有维埃克斯。糜烂性毒剂主要代表物是芥子气、氮芥和路易斯气。窒息性毒剂是指损害呼吸器官,引起急性中毒性肺气而造成窒息的一类毒剂。其代表物有光气、氯气、双光气等。光气常温下为无色气体,有烂干草或烂苹果味。难溶于水、易溶于有机溶剂,中毒症状分为 4 期:刺激反应期、潜伏期、再发期、恢复期。在高浓度光气中,中毒者在几分钟内由于反射性呼吸、心跳停止而死亡。全身中毒性毒剂是一类破坏人体组织细胞氧化功能,引起组织急性缺氧的毒剂,主要代表物有氢氰酸、氯化氢等。氢氰酸是氰化氢的水溶液,有苦杏仁味,可与水及有机物混溶,战争使用状态为蒸汽状,主要通过呼吸道吸入中毒,其症状表现为:恶心呕吐、头痛抽风、瞳孔散大、呼吸困难等,重者可迅

□核武器

速死亡。第二次世界大战期间,德国法西斯曾用氢氰酸一类毒剂残害了集中营里250万战俘和平民。氯化氢的毒性与氢氰酸类似。刺激性毒剂是一类刺激眼睛和上呼吸道的毒剂。按毒性作用分为催泪性和喷嚏性毒剂两类。催泪性毒剂主要有氯苯乙酮、西埃斯。喷嚏性毒剂主要有

□核爆炸

亚当氏气。失能性毒剂是一类暂时使人的思维和运动机能发生障碍从而丧失战斗力的化学毒剂。其中主要代表物是1962年美国研制的毕兹,该毒剂为无嗅、白色或淡黄色结晶。不溶于水,微溶于乙醇。战争使用状态为烟状。主要通过呼吸道吸入中毒。中毒症状有:瞳孔散大、头痛幻觉、思维减慢、反应呆痴等。

化学武器虽然杀伤力大,破坏力强,但由于使用时受气候、地形、战情等的影响使其具有很大的局限性,而且,同核武器和生物武器一样,化学武器也是可以防护的。其防护措施主要有:探测通报、破坏摧毁、防护、消毒、急救。采用各种现代化的探测手段,弄清敌方化学袭击的情况,了解气象、地形等,并及时通报。破坏摧毁时采用各种手段,破坏敌方的化学武器和设施等。根据军用毒剂的作用特点和中毒途径,防护的基本原理是设法把人体与毒剂隔绝。同时保证人员能呼吸到清洁的空气,如构筑化学工事、器材防护(戴防毒面具、穿防毒衣)等。防毒面具分为过滤式和隔绝式两种,过滤式防毒面具主要由面罩、导气管、滤毒罐等组成。

滤毒罐内装有滤烟层和活性炭。滤烟层由纸浆、棉花、毛绒、石棉等纤维物质制成,能阻挡毒烟、雾,放射性灰尘等毒剂。活性炭经氧化银、氧化铬、氧化铜等化学物质浸渍过,不仅具有强吸附毒气分子的作用,而且有催化作用,使毒气分子与空气及化合物中的氧发生化学反应转化为无毒物质。隔绝式防毒面具中,有一种化学生氧式防毒面具。它主要由面罩、生氧罐、呼吸气管等组成。使用时,人员呼出的气体经呼气管进入生氧罐,其中

的水汽被吸收,二氧化碳则与罐中的过氧化钾和过氧化钠反应,释放出的氧气沿吸气管进入面罩。消毒主要是对神经性毒剂和糜烂性毒剂染毒的人、水、粮食、环境等进行消毒处理。针对不同类型毒剂的中毒者及中毒情况,采用相应的急救药品和器材进行现场救护,并及时送医院治疗。

　　人类在生产斗争和战争中应用有毒的化学物质,由来已久。现代战争中,使用化学武器开始于第一次世界大战。德军借助有利的风向风速,将180吨氯气释放在比利时伊伯尔东南的法军阵地。法军惊慌失措,纷纷倒地,15000人中毒,5000人死亡。伊伯尔之役后,交战双方先后研制和使用了化学武器。第一次世界大战中,化学武器造成了127.9万人伤亡,其中死亡人数9.1万人,约占整个战争伤亡人数的4.6%。日军侵略我国期间,曾多次对我抗日军民使用毒气。

　　化学武器有利有弊,需要我们更进一步地了解,合理利用才能造福于人类。

📖 知识链接

核武器

　　核武器是利用能自持进行核裂变或聚变反应释放的能量,产生爆炸作用,并具有大规模杀伤破坏效应的武器的总称。其中主要利用铀或钚等重原子核的裂变链式反应原理制成的裂变武器,通常称为原子弹;利用重氢或超重氢等反应原理制成的热核武器或聚变武器,通常称为氢弹。

化学学科猜想

门捷列夫的预言

科普档案 ●元素名称:类铝　●发现人:法国化学家布瓦博德朗　●性质:熔点低

　　1871年,门捷列夫进行了一次大胆预言,宣称存在一种叫作"类铝"的元素,还准确地预言了元素性质。可以看出,门捷列夫当时就将各元素的性质、周期律、推论和实验验证看成一体,并自觉或不自觉地具有普遍联系的辩证思想。

　　我们已经知道门捷列夫在元素周期的发现上做出了重大的贡献,他编成了自己的元素周期表。根据自己的周期表,在1871年他突然宣布,一定存在一种元素,他称为"类铝",虽然他们不曾相见,但门捷列夫知道它的相貌、性格和脾气,而且说得有声有色,活灵活现,难道门捷列夫是算卦先生吗?不是,他有着充分的理论根据,只是在元素性质周期律的基础上进行的一次大胆预言。

　　但是这个预言发表后在相当长一段时间内没有引起化学家的注意。

　　到了19世纪70年代中期,一位靠自学成长起来的法国化学家布瓦博德朗,在对铝和铊的光谱性质进行研究时,意外地发现两条从未见过的紫色谱线,布瓦博德朗肯定这是一种新的元素产生的。接着,布瓦博德朗制得了纯净的这种新元素单质,这种物质最吸引人的地方是,你把这种金属放在手中,它就会自动熔化为液体。它的熔点仅有29.8℃。他在法国科学院

□法国化学家布瓦博德朗

□元素周期表

《科学报告集》上公布了自己的新发现，并给出了有关这种新元素的性质。可是不久，他收到了一封来自彼得堡的信，署名是门捷列夫。门捷列夫在信中以非常肯定的语气指出了布瓦博德朗关于新元素性质测定的不准确性，尤其是比重，不应该是4.7，而应在5.9到6.0之间。当时布瓦博德朗很疑惑，他明知世界上自己是独一无二在手中有这种新元素单质的人，门捷列夫怎么知道这种元素的比重呢？布瓦博德朗是个非常谦虚谨慎的人，那就不妨再试试，于是他又重新仔细地做了比重实验，结果确定是5.94，与门捷列夫的预言完全一致。这件事在当时的化学界引起很大轰动，人们大为叹服门捷列夫周期表的伟大意义和他的远见卓识。大家懂得了这项发现是极不平凡的事，在寻取新元素的航行中，意外性和盲目性的牢笼已经被打破，从此人们可以在门捷列夫周期表的指引下进行了。

门捷列夫为元素周期律的揭示做出了卓越的贡献。他的出色之处是敢于对当时公认的原子量提出质疑，并大胆地给未发现元素预留空位，还准确地预言了这些元素的性质。对此他自己曾评价道："定律的确证只能借助于由定律引申出来的推论。这种推论，如果没有这一定律便不能得到和不能想到，其次才是用实验来检验这些推论。因此我在发现了周期律之后，就多方面引出如此合乎逻辑的推论，这些推论就能证明这一定律是否正确，其中包括未知元素的特征和修改许多元素的原子量。没有这种方法就不能确证自然界的定律。不论法国人所推崇为周期律发现人的尚古多也好，英国人所推崇的纽兰兹也好，另一些人认为的周期律创始人迈耶尔也好，都没有像我从最初做起的那样，敢于预测未知元素的特性，改变'公认的原子量'，或一般说来，把周期律认作是一个自然界中结构严密的新定律，它能够把散乱的材料归纳起来。"

从这段话可以看出，门捷列夫当时就将各元素的性质、周期律、推论和实验验证看成一体，他自觉或不自觉地具有普遍联系的辩证思想。

1882 年，门捷列夫与迈耶尔共同作为元素周期律的发现人获得了英国皇家学会的最高荣誉——戴维奖章。

🔶 知识链接

德米特里·门捷列夫

德米特里·门捷列夫，19 世纪俄国化学家，他发现了元素周期律，并就此发表了世界上第一份元素周期表。他的名著——伴随着元素周期律而诞生的《化学原理》，在 19 世纪后期和 20 世纪初，被国际化学界公认为标准著作，前后共出了八版，影响了一代又一代的化学家。

可以分解的塑料

科普档案　●化学名称:乳酸基塑料、多糖基天然塑料、生化聚合塑料　　●性质:易分解

　　塑料在改善了人们生活质量的同时也给人类带来了恼人的垃圾问题,为了妥善地解决塑料垃圾的难题,化学家们正在改变着塑料本身的结构,以便废弃的塑料在不太长的时间里完全分解。

　　现在,塑料成为我们日常生活中必不可少的东西,小到上街拎东西,大到高科技产品的制作,都离不开它。形形色色的塑料制品极大地丰富了人们的生活,但废弃的塑料在自然界里的分解速度很慢,要完全分解得几十年甚至上百年的时间。因而,塑料在改善了人们生活质量的同时也给人类带来了一个恼人的问题——垃圾问题。仅我国,每年就要抛弃几十万吨的废旧塑料。

　　为了妥善地解决塑料垃圾的难题,化学家们正在改变着塑料本身的结构,以便废弃的塑料在不太长的时间里完全分解。目前,可分解的塑料有两种类型:一类是光分解类型,这一类塑料在制造过程中,其高分子链上每隔一定的距离就被添加了光敏基团。这样的塑料在人工光线的照射下是安全的、稳定的,但是在太阳光(含有紫外线)的照射下,光敏基团就能吸收足够的能量而使高分子链在此断裂,从而使塑料得以分解。另一类是生物可分解塑料,这一类可分解的塑

　　□塑料垃圾

料是在高分子链上引入一些基团,以便空气、土壤中的微生物能使高分子长链断裂为碎片,进而将其完全分解。目前,这类塑料主要是淀粉基生物可分解塑料。现在,有些化学家正在研制非淀粉基生物可分解塑料。例如,已制成了乳酸基生物可分解塑料、多糖基的天然塑料。乳酸基塑料是以土豆等副食品废料为原料的,这些废料中多糖的含量很高,经过处理后,多糖先转换为葡萄糖,最后变成乳酸,乳酸再经聚合便可制得乳酸基塑料。这种塑料不但成本低而且很容易处理,如可以烧掉(不产生有毒气体)或加以回收再利用(不会对循环制品造成任何污染),当然,若废弃,也很容易被微生物分解。多糖基天然塑料是从一种类似淀粉的化合物中提炼加工而成的,这种化合物就存在于一些天然物质,如玉米、蟹壳中。这种天然塑料可在一个月内分解。

化学家们还制出了生化聚合塑料,这种塑料是天然细菌的末端产品。它们能被土壤里的微生物在短期内分解。

看来,在不久的将来,白色污染将成为迎刃而解的问题。

知识链接

塑　料

塑料为合成的高分子化合物,又可称为高分子或巨分子,也是一般所俗称的塑料或树脂,可以自由改变形体样式。它是利用单体原料以合成或缩合反应聚合而成的材料,由合成树脂及填料、增塑剂、稳定剂、润滑剂、色料等添加剂组成。

生物化学技术

科普档案　●学科名称：生物化学　　●分支：微生物工程、酶工程、基因工程和细胞工程

生物化学是现代科学的一大主题。它是一门结合了生物学与化学的前沿尖端科学。它是研究生物有机体化学组成和性质，以及有机体内所进行的化学变化的科学。

生物化学是现代科学的一大主题。它实际是一门结合了生物学与化学的前沿尖端科学。它是研究生物有机体化学组成和性质，以及有机体内所进行的化学变化的科学。

生物化学的应用便是生物工程科学，它是20世纪六七十年代逐步形成的一门新兴科学，现在已逐渐分成四大分支：微生物工程、酶工程、基因工程和细胞工程。

对于生物化学的合成而言，除了许多有机合成和高分子合成技术外，酶工程居于举足轻重的地位。生物化学合成，一方面可认为是用化学合成的方法合成生物体内的化合物，尤其是生理活性物质；另一方面可认为是运用生物技术来合成化合物，尤其是酶技术来生产化合物。

有许多化学反应可借助于微生物和酶的作用来实现，且效率高，副产物少。例如：

（1）水解反应。许多用酸或碱的水解反应，可用酶水解法

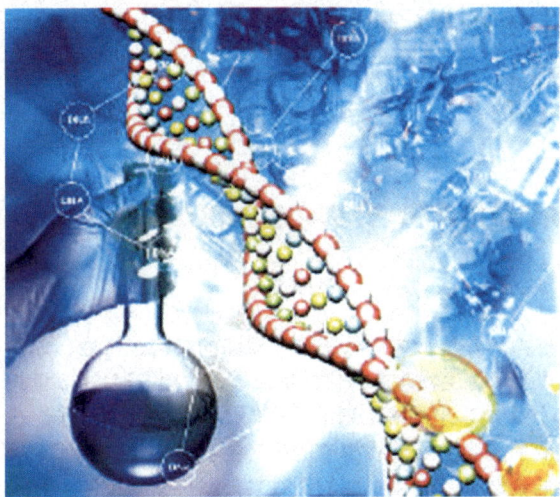

□生物技术与基因工程

代替,如蛋白质、多糖的水解,还能防止残基的构型变化。由淀粉制造葡萄糖,过去是用盐酸在高温高压下水解的,在水解的过程中,同时产生褐色的羟甲基糖醛及龙胆二糖。为了精制葡萄糖,必须反复结晶,因而收率不高。用酶法水解淀粉,在常温常压下进行,副产物少,容易精制,收率高,成本低,现在已被广泛地运用。

(2)氧化作用。有机合成中常用到氧化反应,虽已研究出各种氧化剂,其中有些也有一定的选择性,但往往有一些副反应,为了氧化特定部位,还要把其他基因先行保护起来,氧化之后,还要去掉保护基,这样就增加了反应步骤。而用特定的氧化酶,则能高度选择地进行氧化,如由D-山梨糖醇作为原料生产维生素C,生物氧化法能一步氧化为L-山梨糖,既不要将其余羟基保护,也不会生成消旋型山梨糖。

但是,酶虽然用途广泛,但其提取、分离、纯化却比较复杂,而且是很敏感的物质,易于变性和破坏,因此,最有实用意义的是人工合成模拟酶,这也是当今生物化学合成中一个非常活跃的领域,是一项有广阔前景的研究方向。

虽然生物合成技术在今天作用越来越明显,但它是建立在化学技术的日益深入和发展之上的,生物化学技术的合流是当今生命物质科学研究的最重要的基础和趋势,因为即使在最复杂的生命现象中,分析到最后,仍然是以化学变化的分析建立起来的。因此有人把生物化学技术称为"未来的化学",这预示它有着广阔的发展前途。

📖知识链接

模拟酶

模拟酶是用合成高分子来模拟酶的结构、特性、作用原理以及酶在生物体内的化学反应过程。模拟酶是20世纪60年代发展起来的一个新的研究领域,是仿生高分子的一个重要的内容。目前模拟酶的研究主要有以下几方面:模拟酶的金属辅基、模拟酶的活性功能基、模拟酶的高分子作用方式、模拟酶与底物的作用、模拟酶的性状等。

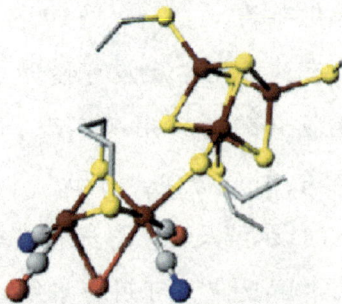

生命体的能量转化

科普档案 ●化学名称:淀粉、维生素、葡萄糖　●性质:可转化成生命体所需的能量

生物体是物质、能量和信息的平衡体，任何生命活动都包含着物质的转变，能量的转换和信息的传递。

在自然界中,我们所熟知的天然高分子化合物你知道有哪些吗? 它们就在我们每天接触的米饭、馒头、蔬菜、肉类、蛋类等食品中广泛存在。我们前面已经知道的淀粉、纤维素等天然高分子化合物就是我们每日不可缺少的物质。

我们知道, 淀粉大多存在于植物的种子中, 如大米含80%、玉米含60%、小麦含70%,在薯类的块茎及干果中也大量存在, 还有许多野生植物的种子或组织中也大量存在。纤维素是植物纤维的主要成分,它和半纤维素、木质素等一起,构成了植物的骨架。棉花中90%以上是纤维素,其他如树木、麻、野生植物及各种作物的秆茎中也有大量的纤维素存在。

但是,无论是淀粉,还是纤维素,它们都是生命有机现象中特有的天然高分子化合物,人们又把它称为碳水化合物,以表示其组成相当于碳的水合物。

淀粉可被应用于调制工业用的淀粉糊,如在纺织工业中用它来做浆料,用以防止织布或织纱时发生中断。人们还利用淀粉可和葡萄糖转换的特性,用酶水解的方法在工业上制取葡萄糖。

对于纤维素的利用, 往往是和半纤维素或木质素联系在一起利用的。人们可用半纤维素经过水解、发酵制取酒精;人们还可以把木质素用无机酸分解,最后可以制造成肥料——氨化木素。这是一种很好的肥料,它对多

二氧化碳

水　氧气

□ 植物的光合作用

种作物有增产效果，不仅提供作物生长所需要的氮素，而且施入土壤中后，经微生物作用，就被转化为胡敏酸这种当前使用很广泛的新型有机肥料。

纤维素遇碱，只引起纤维素的膨胀，形成碱化纤维素，却仍然保持着原来的骨架。在生产上，人们利用这一化学原理将含纤维素原料和碱液一起蒸煮，这时木质素和半纤维素就溶解于碱液中，而与纤维素分离。得到的纤维素浆液，纯度较高，可用来造纸和制造人造纤维。分离后的废液，还可再利用制造酒精、食用酵母、饲料酵母及生产长效肥料。

这些对于淀粉、纤维素的利用，基本原理就是利用了在淀粉、纤维素和葡萄糖这三种碳水化合物之间的相互转化！这种利用化学合成的转化，实际上远远赶不上生命本身对于它们的转化，不信我们来看看自然界的生命体之间是如何"互通有无"的。

植物的光合作用其实也是一种能量的转化。这种转化首先是植物吸收了太阳光后，经过光合作用，发生了能量的交换，把光能转化成了化学能，而这些化学能以糖、淀粉的形式储藏起来。在植物体的各个不同的发育期中，碳水化合物的生成和蓄积的动态是不同的。例如，在稻谷发芽时，种子中的淀粉迅速分解，因此糖分就迅速增加，通过糖分的生物氧化作用，供给幼苗初期生长所需能量。到了成熟期，水稻体其他各部分的淀粉含量不断减少,以可溶性糖的形态向穗部输送,稻穗中的淀粉则迅速蓄积。

可见,三者之间的转化只是遵循一条原则,那就是"生命生长需要"这条最高的原则。人体中的这种转化也正是遵循这一原则。

例如,我们吃在嘴里的一口饭,会越嚼越甜,这就是有一小部分米饭中的淀粉被唾液中的酶分解成麦芽糖的缘故。食物进入胃肠后,又受到胰脏分泌出来的比唾液淀粉酶效力更强的胰液淀粉酶作用,继续水解形成葡萄糖,再通过小肠壁,被吸入血液中,当人体肌肉活动或工作需要能量时,潜藏着化学能的葡萄糖又被氧化,放出热量。

多余的葡萄糖在肝脏中组合成动物性淀粉——肝糖而储存起来。肝糖是动物体内的储备糖,就像淀粉是植物的储备糖一样,也能被分解成糊精、麦芽糖、葡萄糖等,所以当人体需要营养时,肝糖就又转化为葡萄糖。当然,在肝脏内肝糖的储量是有一定限度的,多余的葡萄糖还可以在细胞内转化为脂肪。人体中葡萄糖可以由一些蔬菜中的纤维素转化而来。当人体患糖尿病的时候,这时人体中胰脏分泌胰液的能力下降,因此病人常需要注射胰岛素(即胰液淀粉酶)来增加体内糖分的转化,从而维持身体的糖分平衡。现在,你知道每天在我们的身体里发生着怎样的化学反应吗?

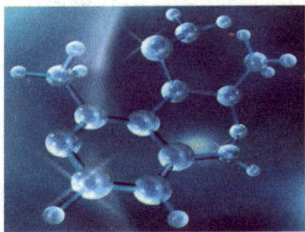

📖 知识链接

碳水化合物之间的相互转换

碳水化合物之间的相互转换是从一个最高的"生命需要"原则出发的,人们正是研究了这个原理,才对淀粉等天然高分子化合物积极利用的。

有机化学的发展

科普档案 ●**化学名称**：有机物　　●**性质**：熔点低、可燃烧、易溶于有机溶剂

　　有机化学是研究有机化合物的来源、制备、结构、性质、应用以及有关理论的科学。有机化学和我们的日常生活联系非常紧密，有机化学的飞速发展改变着我们生活的方方面面。

　　有机化学是研究有机化合物的来源、制备、结构、性质、应用以及有关理论的科学，又称碳化合物的化学。在19世纪初首次由贝采里乌斯提出，当时是作为"无机化学"的对立物而命名的。有机化学和我们的日常生活联系非常紧密，有机化学的飞速发展正改变着我们生活的方方面面。人人都需要化学制品，我们生活在有机化学的世界里。

　　有机化合物和无机化合物之间没有绝对的分界。有机化学之所以成为化学中的一个独立学科，是因为有机化合物确有其内在的联系和特性。位于周期表当中的碳元素，一般是通过与别的元素的原子共用外层电子而形成共价键。这种共价键的结合方式决定了有机化合物的特性。大多数有机化合物由碳、氢、氮、氧几种元素构成，少数还含有卤素和硫、磷、氮等元素。因而大多数有机化合物具有熔点较低、可以燃烧、易溶于有机溶剂等性质，这与无机化合物的性质有很大不同。在有机化学发展的初期，有机化学工业的主要原料是动植物

□贝采里乌斯全家

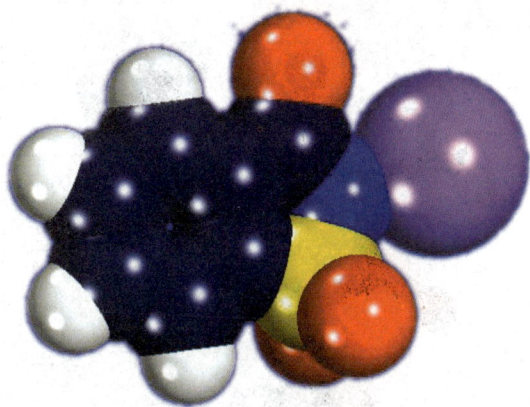

体,有机化学主要研究从动植物体中分离有机化合物。19世纪中期到20世纪初期,有机化学工业逐渐变为以煤焦油为主要原料。合成染料的发现,使染料、制药工业蓬勃发展,推动了对芳香族化合物和杂环化合物的研究。20世纪30年代以后,以乙炔为原料的有机合成兴起。40年代前后,有机化学工业的原料又逐渐转变为以石油和天然气为主,发展了合成橡胶、合成塑料和合成纤维工业。由于石油资源将日趋枯竭,以煤为原料的有机化学工业必将重新发展。当然,天然的动植物和微生物体仍是重要的研究对象。

□有机化学

有机合成方面主要研究从较简单的化合物或元素经化学反应合成有机化合物。19世纪30年代合成了尿素;40年代合成了乙酸。随后陆续合成了葡萄糖酸、柠檬酸、琥珀酸、苹果酸等一系列有机酸;19世纪后半叶合成了多种染料;20世纪40年代合成了DDT和有机磷杀虫剂、有机硫杀菌剂、除草剂等农药;20世纪初,合成了606药剂,三四十年代,合成了1000多种磺胺类化合物,其中有些可用作药物。有机分析即有机化合物的定性和定量分析。19世纪30年代建立了碳、氢定量分析法;90年代建立了氮的定量分析法;有机化合物中各种元素的常量分析法在19世纪末基本上已经齐全;20世纪20年代建立了有机微量定量分析法;70年代出现了自动化分析仪器。由于科学和技术的发展,有机化学与各个学科互相渗透,形成了许多分支边缘学科。比如生物有机化学、物理有机化学、量子有机化学、海洋有机化学等。

我们的食品是由有机化学中的蛋白质、脂肪、糖类、维生素、水等构成的。研究这些物质在人体内的作用对我们的健康有积极的指导作用,一个人如果在一天内没有正常摄入这些营养类物质,那么身体的健康状况就会

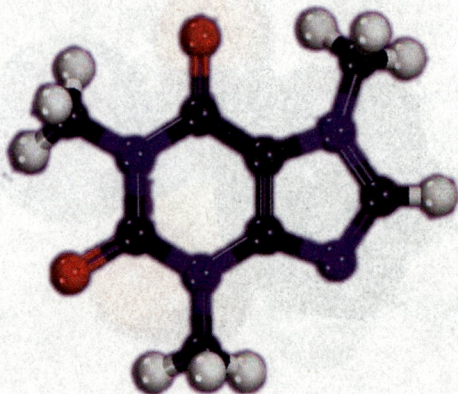
□有机化学结构

受到影响,当我们的身体不适时,我们就要到医院去看病吃药,而这就和有机化学中的药品化学联系到了一起,每种药物如何在人体内起作用都是需要研究的,如果病人没有合适的药品服用,那他可能面对死亡。家庭里常用的洗涤剂主要成分为有机物质,洗涤分为水洗和干洗。而干洗剂中含有甲醛和四氯乙烯,这两种物质对人体有很大的危害。洗涤剂的主要成分是多种表面活性剂和助洗剂。通常对我们无害,但进入地下水会影响水质及居民饮用水的质量。

我们生活中会使用多种材料,这些材料大多数来源于有机合成。塑料的合成极大地影响并改变了我们的生活,使我们的生活更加方便,但是塑料的使用也带来了许多的问题:许多塑料本身在高温下可释放出有害的气体,但是有许多人却在用食品袋;由于塑料不易降解,并且回收不力,白色垃圾污染已经无处不在,但是这个问题至今仍然没有得到非常好的解决。我们现在使用的家居装饰材料与有机化学有着非常密切的联系,不合格的装饰材料中含有极少量的氡,其放射性对人体的危害非常大,可引起人体的病变,甚至癌变。装饰材料中散发出的甲醛等也是潜在杀手。许多人因此而为装饰装修材料大伤脑筋,出现的这么多问题也是和有机化学紧密联系的。

有机化学研究手段的发展经历了从手工操作到自动化、计算机化,从常量到超微量的过程。20世纪40年代前,用传统的蒸馏、结晶、升华等方法来纯化产品,用化学降解和衍生物制备的方法测定结构。后来,各种色谱法、电泳技术的应用,特别是高压液相色谱的应用改变了分离技术的面貌。各种光谱、能谱技术的使用,使有机化学家能够研究分子内部的运动,使结构测定手段发生了革命性的变化。电子计算机的引入,使有机化合物的分离、分析方法向自动化、超微量化方向又前进了一大步。傅里叶变换技术的核磁共振谱和红外光谱又为反应动力学、反应机理的研究提供了新的手段。这些仪器和 X 射线结构分析、电子衍射光谱分析,已能测定微克级样品的化学结构。用电子计算机设计合成路线的研究也已取得某些进展。

未来有机化学的发展首先是研究能源和资源的开发利用问题。迄今我们使用的大部分能源和资源,如煤、天然气、石油、动植物和微生物,都是太阳能的化学贮存形式。今后一些学科的重要课题是更直接、更有效地利用太阳能。对光合作用做更深入的研究和有效的利用,是植物生理学、生物化学和有机化学的共同课题。有机化学可以用光化学反应生成高能有机化合物,加以贮存;必要时则利用其逆反应,释放出能量。另一个开发资源的目标是在有机金属化合物的作用下固定二氧化碳,以产生无穷尽的有机化合物。这几方面的研究均已取得一些初步结果。其次是研究和开发新型有机催化剂,使它们能够模拟酶的高速高效和温和的反应方式。这方面的研究已经开始,今后会有更大的发展。

然而现阶段人类主要是以石油、煤、天然气为原料来发展有机化工工业,这些资源在自然界都是有限的,属不可再生的能源,因此人类迫切需要将化工研究的目光转向有着丰富资源的自然界,从有机物中发展有机化工并且还要研究从无机物中合成材料。人类只有从无限的自然资源中寻求,从阳光、空气、水中探索新材料的发展才会使化学工业得到最终快速的发展。在 21 世纪的今天,有机合成之路会更加成熟。

📙知识链接

同分异构体

1848 年巴斯德分离到两种酒石酸结晶,一种半面晶向左,一种半面晶向右。前者能使平面偏振光向左旋转,后者则使之向右旋转,角度相同。为此,1874 年法国化学家勒贝尔和荷兰化学家范托夫提出一个新的概念:同分异构体,圆满地解释了这种异构现象。勒贝尔和范托夫的学说,是有机化学中立体化学的基础。

无机化学的发展

科普档案 ●**元素名称:**二氧化碳、一氧化碳、二硫化碳、碳酸盐　●**性质:**无机物

　　无机化学是研究无机物质的组成、性质、结构和反应的科学,它是化学中最古老的分支学科。无机化学的发展趋向主要是新型化合物的合成和应用,以及新研究领域的开辟和建立。

　　无机化学是研究无机物质的组成、性质、结构和反应的科学,它是化学中最古老的分支学科。无机物质包括所有化学元素和它们的化合物,不过大部分的碳化合物除外。除二氧化碳、一氧化碳、二硫化碳、碳酸盐等简单的碳化合物仍属无机物质外,其余均属于有机物质。

　　最初化学所研究的多为无机物,建立近代化学贡献最大的化学家有三人,即英国的波意耳、法国的拉瓦锡和英国的道尔顿。波意耳在化学方面进行过很多实验,如磷、氢的制备,金属在酸中的溶解以及硫、氢等物的燃烧。

他从实验结果阐述了元素和化合物的区别,提出元素不能分出其他物质。这些新概念和新观点,把化学这门科学的研究引上了正确的路线,对建立近代化学做出了卓越的贡献。拉瓦锡采用天平作为研究物质变化的重要工具,进行了硫、磷的燃烧,锡、汞等金属在空气中加热的定量实验,确立了物质的燃烧是氧化作用的

□拉瓦锡

正确概念，推翻了盛行百年之久的燃素说。拉瓦锡在大量定量实验的基础上，于1774年提出质量守恒定律，即在化学变化中，物质的质量不变。提出第一个化学元素分类表和新的化学命名法，并运用正确的定量观点，叙述当时的化学知识，从而奠定了近代化学的基础。

法国化学家普鲁斯特提出定比定律，即每个化合物各组分元素的重量皆有一定比例。结合质量守恒

□居里夫妇

定律，1803年道尔顿提出原子学说，宣布一切元素都是由不能再分割、不能毁灭的称为原子的微粒所组成的。原子学说建立后，化学这门科学开始宣告成立。19世纪30年代，已知的元素已达60多种，俄国化学家门捷列夫研究了这些元素的性质，在1869年提出元素周期律：元素的性质随着元素原子量的增加呈周期性的变化。这个定律揭示了化学元素的自然系统分类。周期律指导了对元素及其化合物性质的系统研究，成为现代物质结构理论发展的基础。系统无机化学一般就是指按周期分类对元素及其化合物的性质、结构及其反应所进行的叙述和讨论。

近代化学是在道尔顿创立原子学说之后建立起来的，因为该学说把当时的化学内容进行了科学系统化。道尔顿由表及里地提出物质由原子构成的概念，创立原子学说，解释了关于元素化合和化合物变化的重量关系的各个定律，并使之连贯起来，从而将化学知识按其形成的层次组织成为一门系统的科学。由于各学科的深入发展和学科间的相互渗透，形成许多跨学科的新的研究领域。无机化学与其他学科结合而形成的新兴研究领域很多，如生物无机化学就是无机化学与生物化学结合的边缘学科。

19世纪末的一系列发现，开创了现代无机化学；1895年伦琴发现X射线；1896年贝克勒尔发现铀的放射性；1897年汤姆生发现电子；1898年居

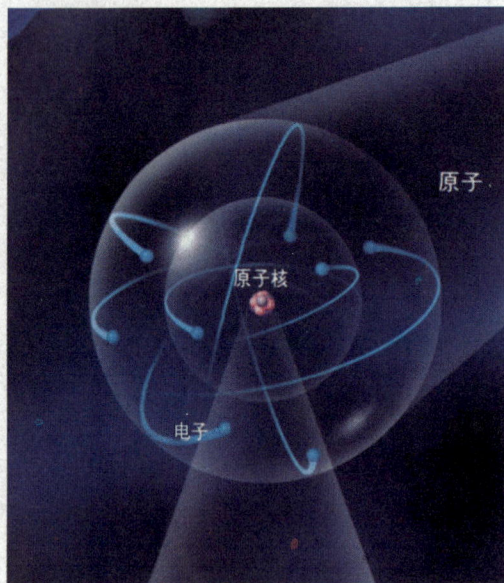
□原子结构图

里夫妇发现钋和镭的放射性。20世纪初卢瑟福和玻尔提出原子是由原子核和电子所组成的结构模型，改变了道尔顿原子学说的原子不可再分的观念。1916年科塞尔提出电价键理论，路易斯提出共价键理论，圆满地解释了元素的原子价和化合物的结构等问题。1926年薛定谔建立微粒运动的波动方程。1927年，海特勒和伦敦应用量子力学处理氢分子，证明在氢分子中的两个氢核间，电子概率密度有显著的集中，从而提出了化学键的现代观点。发展成为化学键的价键理论、分子轨道理论和配位场理论，这三个基本理论是现代无机化学的理论基础。

无机化学在成立之初，其知识内容已有4类，即事实、概念、定律和学说。用感官直接观察事物所得的材料，称为事实；对于事物的具体特征加以分析、比较、综合和概括得到概念，如元素、化合物、化合、分解、氧化、还原、原子等皆是无机化学最初明确的概念；组合相应的概念以概括相同的事实则成定律，例如，不同元素化合成各种各样的化合物，总结它们的定量关系得出质量守恒、定比、倍比等定律；建立新概念以说明有关的定律，该新概念又经实验证明为正确的，即成学说。化学知识的这种派生关系表明它们之间的内在联系。定律综合事实，学说解释并贯串定律，从而把整个化学内容组织成为一个有系统的科学知识。

无机化学系统的知识是按照科学方法进行研究的，收集的方法有观察和实验，实验是控制条件下的观察。化学研究特别重视实验，因为自然界的化学变化现象都很复杂，直接观察不易得到事物的本质。例如，铁生锈是常见的化学变化，若不控制发生作用的条件，如水、氧、二氧化碳、空气中的杂质和温度等就不易了解所起的反应和所形成的产物。无论观察或实验,所收集的事实必须切实准确。化学实验中的各种操作,如沉淀、过滤、灼烧、称重、蒸馏、滴定、结晶、萃取等,都是在控制条件下获得正确可靠事实知识的实验手段。正确知识的获得,既要靠熟练的技术,也要靠精密的仪器,近代化学是由天平的应用开始的。通过对每一现象的测量,并用数字表示,才算对此现象有了确切知识。

无机化学的发展趋向主要是新型化合物的合成和应用,以及新研究领域的开辟和建立。由于各学科的深入发展和学科间的相互渗透,形成许多跨学科的新的研究领域。无机化学与其他学科结合而形成的新兴研究领域很多,如生物无机化学就是无机化学与生物化学结合的边缘学科。现代物理实验方法如 X 射线、中子衍射、电子衍射、磁共振、光谱、质谱、色谱等方法的应用,使无机物的研究由宏观深入到微观,从而将元素及其化合物的性质和反应同结构联系起来,形成现代无机化学。

📖 **知识链接**

炼铜技术的发现

公元前 6000 年,中国古人知道烧黏土制陶器,并逐渐发展为彩陶、白陶、釉陶和瓷器。公元前 5000 年左右,人类发现天然铜性质坚韧,用作器具不易破损。后又观察到铜矿石,如孔雀石与燃炽的木炭接触而被分解为氧化铜,进而被还原为金属铜,经过反复观察和实验,终于掌握了以木炭还原铜矿石的炼铜技术。